아빠, 천체관측 떠나요!

북천의 일주

북천의 주요 별자리로는 큰곰자리, 카시오페이아자리, 북두칠성, 용자리, 세페우스 자리가 있습니다.

화성의 극관

화성을 보았을 때 가장 먼저 눈에 띄는 것은 화성의 남쪽 또는 북쪽 끝에 존재하는 하얀 부분입니다. 이를 화성의 극관이라고 합니다. 얼음이나 드라이아이스 같은 결정이 태양빛을 반사해 빛을 냅니다.

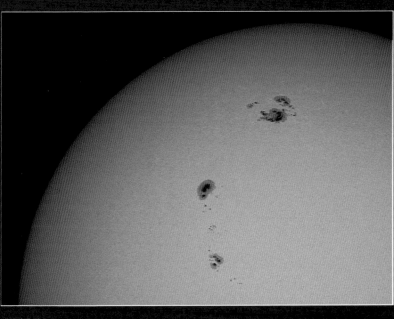

태양의 흑점

흑점의 모습은 날마다 달라집니다. 새로이 생기기도 하고 소멸되기도 합니다. 흑점을 자세히 보면 하나의 흑점군에 수많은 흑점과 반암부가 복잡하게 얽혀 있습니다.

안드로메다은하
달 없는 어두운 밤이면 안드로메다자리의 한쪽 구석에서 흐릿한 빛을 발하는 빛무리를 발견할 수 있습니다.
바로 안드로메다은하입니다. 안드로메다은하는 맨눈으로도 그 존재를 확인할 수 있는 거대한 은하입니다.

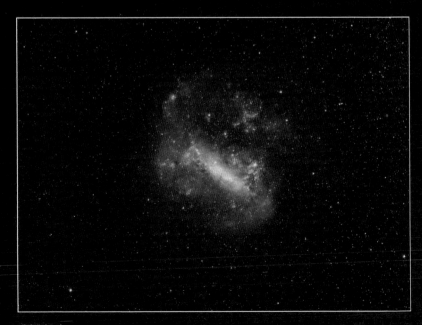

대마젤란은하
지구에서 볼 수 있는 가장 밝은 은하는 대마젤란과 소마젤란 은하입니다.
이 두 은하는 우리은하의 위성 은하입니다.

플레이아데스성단
초가을 저녁 동쪽 하늘, 황소자리의 가장 밝은 별인
알데바란의 서쪽에서 별무리를 볼 수 있습니다. 이 별무리는
플레이아데스성단으로, 늦가을이면 하늘 높이 떠오릅니다.

오메가 센타우리 구상성단
구상성단이란 별들이 공처럼 둥글게 모여 있는 것을 뜻합니다.
구상성단 중에서 가장 유명한 것은 오메가 센타우리성단입니다. 이 성단은 너무나 밝아서 옛날 사람들은 별로 착각을 하고
별의 이름을 붙여두었습니다.

궁수자리
궁수자리 영역에서 많은 수의 구상성단을 볼 수 있습니다. 그 이유는 이 지역이 우리은하의 중심 부근이기 때문입니다.

말머리성운

우주에는 많은 별들이 있지만 이 별들보다 더 많은 것이 성간 가스입니다. 이런 성간 가스들은 우리가 보았을 때 흡사 구름처럼 보이기 때문에 성운이라고 불립니다. 성운은 대부분 수소와 헬륨으로 구성되어 있습니다.

핼리혜성
혜성에서 뿜어진 이온들과 먼지들은 태양풍에 의해 태양의 반대 방향으로 밀려납니다. 이것이 바로 혜성의 꼬리입니다.
혜성의 꼬리는 태양에 가까이 다가갈수록 길어집니다. 어떤 혜성은 그 꼬리의 길이가 태양과 지구 사이의 거리보다 더
길기도 합니다.

헤일밥 혜성
1997년 3월, 헤일밥 혜성은 서쪽 하늘에서 장대한 꼬리를 나부끼며 장관을 이루었습니다. 이때 혜성의 밝기는 무려 -1등급에
달했습니다. 이처럼 밝은 대혜성은 10년에 한 번꼴로 나타난다고 합니다.

이 책을
별을 사랑하는 모든 사람들에게 바칩니다.

천체관측 초보자들을 위한 가이드북

아빠, 천체관측 떠나요!

조상호 지음

가람
기획

개정판 서문

얼마 전, 경기도의 한 사설 천문대에 별을 보러 간 적이 있었습니다. 마침 그곳에는 별을 보러 온 십여 명의 학생들이 줄을 지어 천체망원경으로 하늘을 관측하고 있었습니다. 학생들은 천체망원경에서 보이는 목성을 쳐다보며 탄성을 발하더군요. 그런 모습을 볼 때마다 별을 보는 한 사람으로서 참으로 뿌듯한 기분이 듭니다.

그런데 보다 놀라운 일이 있었습니다. 그 학생들 중 상당수가 천체관측에 관한 책을 들고 있었는데, 그 책은 바로《아빠, 천체관측 떠나요!》였습니다. 밖에서 우연히 만난 학생들이 들고 다니는 책이 바로 자신이 지은 것임을 확인하는 저자만큼 행복한 경우는 없을 것입니다.

하늘의 별을 보면서 손에 든 책을 펼쳐 관련 내용을 살펴보는 학생들을 보면서 저자로서 큰 보람을 느꼈습니다.

천체관측에 관심을 둔 학생들을 위해, 또 천체관측에 발을 들여놓는 아마추어 천문가들을 위해 이 책을 펴낸 지 벌써 여러 해가 흘렀습니다. 천체관측 관련 서적이 별로 없는 국내에서 이 책은 나름대로 큰 역할을 해왔다고 생각합니다. 이 책을 통하여 보다 많은 학생들이 하늘에 관심을 갖게 되었고, 또 아마추어 천문의 저변 확대가 조금은 더 이루어졌다고 생각합니다.

책을 펴내고 수년이 흐르면서 주변 환경에서 많은 변화가 있었습니다. 가장 큰 변화를 들자면 주요 행성의 막내 위치를 차지하고 있던 명왕성이 주요 행성 자리를 박탈당한 것일 겁니다. 이것은 태양계의 주요 행성이 모두 아홉 개였던 것이 여덟 개로 줄어드는 극적인 변화를 가져왔습니다. 또, 허블 망원경 등 각종 첨단 망원경과 첨단 장비를 통하여 우주의 보다 심층적인 모습이 공개되었습니다. 이러한 내용들은 일반인들의 관심을 우주로 이끌면서 천문학 자체의 발전에도 큰 기여를 했습니다.

아마추어 천문의 입장에서도 몇 년 사이에 많은 변화가 있었습니다. 그러나 전체적인 모습은 몇 년 동안 그리 달라진 것은 없습니다. 망원경의 모습도 크게 변화되지 않았고, 밤하늘의 관측 대상도 그대로이기 때문입니다. 그래서 이 책이 출간된 지 몇 해가 흘렀음에도 내용이 변경되어야 할 부분은 거의 없습니다. 그만큼 보편적이고 시간에 영향을 받지 않는 내용들로 꾸며졌기 때문일 것입니다.

그러나 책을 보기 쉽고, 보기 편하게 만드는 것도 독자들에게 큰 도움을 주는 것이라고 생각합니다. 그래서 부분적인 수정을 거쳐 개정판을 내게 되었습니다.

지난번 책을 펴낸 후 독자들에게 쉽고 이해하기 편하다는 반응을 얻었습니다. 하지만 어떤 분들은 다소 어려운 내용이 포함되어 있다는 말씀도 있었습니다. 사실 이것은 저자의 욕심이었을 것입니다. 한 정된 지면에 초보적인 내용부터 베테랑에게 필요한 내용까지 일부분 넣다 보니 수준면에서 광범위해진 측면이 있습니다. 그러나 오히려 이런 측면이 초보자를 벗어난 후에도 이 책을 열심히 보게 하는 역할도 하고 있다고 생각합니다.

지금까지와 마찬가지로 이번에 나오는 개정판도 많은 분들의 관심과 사랑을 받기를 기대합니다. 이 책이 앞으로도 계속 천문 관측에 입문하는 초보자들에게 보물처럼 다루어진다면 그보다 더 기쁜 일은 없을 것입니다.

국내의 별을 사랑하는 많은 사람들에게 사랑받는 책이 될 수 있기를 기대하면서 독자 여러분들께 감사의 말을 전합니다. 그리고 좋은 책을 위해 항상 애써 주시는 가람기획 관계자분들께도 감사를 표합니다.

조상호

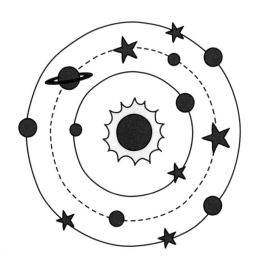

초판 서문

어릴 적 막연히 별이 좋았던 적이 있었습니다. 해가 지고 어둠이 찾아오면 밤하늘에 떠 있는 별들을 올려다보며 호기심에 잠겼던 적이 있었습니다.

하지만 저에게는 그 별들을 알려줄 선생님도 없었고, 또 그 당시에는 별에 대한 이야기들이 적혀 있는 책도 없었습니다. 그래서 하나를 알려면 많은 시간이 필요했고, 또 많은 노력이 필요했습니다. 그때의 일들은 저에게 하나의 응어리로 가슴속에 남아 있습니다.

요즘에는 별에 대한 책이 많습니다. 그 책들은 모두 참으로 훌륭한 책들임에 분명합니다. 하지만 별을 보기 시작하는 학생들에게, 또 천체망원경을 처음 접하는 아마추어 천문가에게 쉽게 와닿지 않습니다.

이 책은 호성이라는 한 학생 아마추어 천문 학도의 성장을 그린 것입니다. 그는 이 책을 읽기 시작하는 여러분들처럼 이제 막 별에 눈을 뜬 학생입니다. 그리고 그는 천체망원경에 대해 막연한 호기심과 환상을 가지고 있습니다.

이 책은 그런 초보 아마추어의 눈으로 천체망원경을 처음 접하고, 또 천체망원경을 구입하고, 나아가 가장 쉬운 대상부터 하나하나 관측해나가는 과정을 소설 형식을 빌려 시간대별로 담아보았습니다. 여러분들과 비슷한 과정을 밟아나가는 호성이를 통해 천체관측에

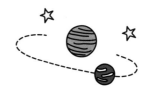

대한 기본적인 지식을 가장 쉽고 재미있게 습득할 수 있을 것입니다.

하지만, 이 책에는 결코 쉬운 내용만 있는 것이 아닙니다. 부분적으로 상당히 깊게 들어간 내용들도 있습니다. 하지만 그 내용들은 천체관측에 직접 적용되는 것들입니다. 실제 관측에 필요치 않은 내용들은 과감히 삭제했습니다. 그러므로 이 책을 읽고 그 과정을 밟아나가다 보면 어느새 여러분들도 베테랑 아마추어 관측가가 되어가고 있음을 느낄 수 있을 것입니다.

이 책을 통하여 별을 사랑하는 학생들을 아마추어 천문가로 인도해 줄 수 있다면 저자로서 더 바랄 게 없겠습니다.

끝으로 이 책을 위해 아낌없는 조언을 해준 최연정 씨에게 고마움을 전합니다. 그리고 이 책의 탄생에 도움을 준 여러 관계자분들께도 이 지면을 통해 감사의 말씀을 드립니다.

1999년 어느 여름날
조상호

 **차례**

1부

하늘을 보았답니다

2부

천체망원경이란 무엇인가요?

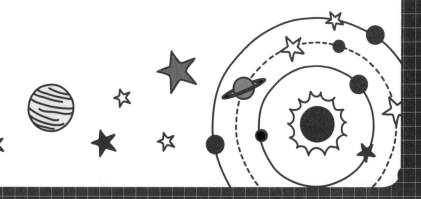

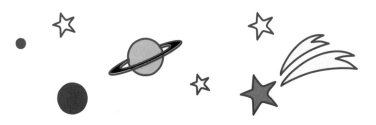

1부
하늘을 보았답니다

창밖에 가로등이 하나둘 들어오고 있습니다. 한강변을 달리는 차들 뒤쪽에 붉은색 등이 하나둘 켜집니다. 저 멀리 강물 너머로 63빌딩이 보이고 그 뒤쪽으로 저물어가는 붉은 노을이 지평선에 깔립니다. 하늘 위는 어느새 남빛으로 물들어 있습니다.

창밖으로 하늘을 바라보는 강호성의 표정은 참으로 행복해 보입니다. 강호성은 올해 중학교를 입학한 학생입니다. 초등학교와는 다른 중학교의 새로운 분위기와, 새로 만나는 선생님과 친구들, 모든 일이 색다른 흥미를 주는 신학기입니다. 그러나 무엇보다 최근에 호성이를 신나게 만드는 일이 하나 있습니다. 바로 하늘의 별을 바라보는 일입니다.

초등학교 시절에도 호성이는 하늘 보기를 좋아했습니다. 그러나 그것은 블랙홀이라든가 상대성 이론 등 하늘과 천문에 대한 다소 막연한 호기심이었습니다. 그 호기심을 좀 더 구체화시켜준 것은 얼마 전에 구입한 책이었습니다.

중학교에 입학하면서 오랜만에 책을 읽어보겠다고 서점에 갔던 것이 그 시작이었습니다. 그곳에서 그는 별자리에 관한 책을 찾았고, 이 책으로 하늘에 대한 궁금증을 좀 더 구체화시켜보기로 했습니다.

요즘에는 책을 들고 창밖을 바라보는 일이 너무나 즐거워졌습니다. 아직 채 어두워지지 않은 하늘인데도 곧 맞이할 별들의 세계를 꿈꾸며 창밖을 바라보는 일이 하루 일과가 되어버렸습니다.

밤하늘이 어느새 캄캄해지며 별들이 하나둘씩 나타나기 시작합니다. 호성이는 시선을 반짝거리는 별들을 향해 던졌습니다. 호성이가 앉아 있는 창문에서는 북쪽 하늘이 잘 보입니다. 눈앞에는 강변도로가 있고 한강이 흐릅니다. 또 강 저편 멀리 집들과 빌딩들이 불을 밝히고 있습니다. 무엇보다 즐거운 것은 이런 여건 때문에 북쪽 하늘이 꽤 트여 보인다는 사실입니다. 아파트 안에서도 이렇게 하늘을 바라볼 수 있다는 것은 하나의 축복이라고 호성이는 생각했습니다.

북서쪽에 별 하나가 보였습니다. 매우 높이 떠 있습니다.

"3월 하늘에 높이 떠 있는 흰 별이라… 무슨 별일까?"

호성이는 며칠 전에 산 별자리 책을 뒤적거렸습니다. 무슨 별인지 알기가 어려웠습니다. 한참 만에 그는 그 별이 카펠라라는 별임을 알아내었습니다.

"카펠라구나! 마차부자리의 알파별이고 뜻은 새끼 염소... 카펠라라는 이름은 예쁘지만 뜻은 좀 별로인데…."

호성이는 문득 옛날 아주 어릴 적에 산으로 캠핑을 갔다가 아버지가 찾아주셨던 북두칠성이 생각났습니다. 그땐 아무것도 모르고 그냥 하늘에 큰 국자가 걸려 있나 보다라고 생각을 했는데, 책에서 접하니 새삼 새로운 느낌입니다.

"맞아! 오늘은 큰곰을 사냥하는 거야! 적어도 북두칠성 정도는 쉽게 찾아야 별을 본다고 할 수 있지!"

호성이는 책을 뒤적였습니다. 봄철 밤하늘 높이 떠 있는 별자리 중 북쪽 하늘에서 대표적인 것이 큰곰자리고, 이 큰곰의 꼬리가 바로 북두칠성이라고 되어 있었습니다. 책을 찬찬히 읽어본 후 눈을 하늘로 돌렸습니다.

서울 하늘에는 별이 몇 개 보이지 않습니다. 그렇지만 방 안의 불을 끄고 하늘을 열심히 바라보고 있으려니까 보이지 않던 별들이 몇 개 더 보입니다. 눈이 점차 어둠에 익숙해져서 그렇기도 하고, 하늘의 별들에 익숙해져서 그렇기도 합니다.

"그런데 도대체 북두칠성이 어디 있을까?"

아무리 찾아도 어느 별이 북두칠성인지 구분이 되지 않았습니다. 책에 나타난 북두칠성의 크기가 실제 하늘에서 어느 정도인지 알 수가 없었습니다.

"분명히 저 북쪽에 있는 별들 중에 북극성도 있을 텐데… 저 별일까?"

호성이는 누군가에게 물어보고 싶었지만 마땅히 물어볼 사람이 없었습니다.

그렇게 한참의 시간이 흘렀을까요, 북동쪽 낮은 곳에 밝은 별이 몇 개 반짝인다는 사실을 눈치챘습니다. 잘 살펴보니 사다리꼴의 사각형을 그리고 있는 별이 네 개가 떠 있었습니다. 별 하나는 어두워 거의 보이지 않을 정도였지만 다른 별들은 그래도 어렴풋이 보였습니다. 어딘지 모르게 그 모습이 익숙하다는 기분이 들었습니다.

"아하! 저게 바로 국자의 머리 부분이구나! 북두칠성의 앞쪽에 속한 별이었어!"

호성이는 마치 커다란 발견을 한 것처럼 가슴이 방망이질을 쳤습니다. 자세히 살펴보니 국자의 아래쪽도 별이 연결되어 있었습니다.

"하나, 둘, 셋, 넷… 모두 여섯 개네, 하나는 어디로 갔지?"

국자의 맨 끝 쪽에 있는 별은 지평선과 너무나 가까이 있어 도심의 불빛에 가려 보이지가 않습니다. 시간이 좀 더 지나면 별들이 더 떠오를 것이고, 그렇다면 북두칠성은 확연히 그 모습을 드러낼 것입니다.

"하늘에 별이 총총하다는 책의 이야기가 도무지 짐작이 안 되는군. 몇 개 보이지도 않는데…."

한동안 시간 가는 줄 모르고 북두칠성을 바라보았습니다. 별들의 빛에 자신의 마음이 빨려 들어가는 듯한 느낌과 함께 호성이는 다시 별자리 책으로 눈을 돌렸습니다.

"오늘은 북두칠성을 찾은 김에 북두칠성이 속한 큰곰자리까지 마저 찾아보자."

북두칠성은 큰곰자리의 꼬리에 속합니다. 큰곰의 앞머리에 속하는 별들은 물음표를 뒤집어놓은 형상을 하고 있고, 좀 더 서쪽에 떠 있습니다. 즉, 북두칠성의 앞쪽에 있는 것입니다. 그리고 북두칠성의 남쪽에는 큰곰의 발이 있습니다. 두 별이 나란히 위치한 큰곰의 발이 모두 세 개가 보입니다. 북두칠성 국자를 이루는 네 번째 별에서 두 번째 별로 연결해서 그 거리를 약 두 배쯤 이어가니 밝은 별 두 개가 나란히 붙어 있는 것이 눈에 들어왔습니다. 바로 큰곰의 앞발이랍니다.

"찾았다! 큰곰자리!"

호성이는 소리를 질렀습니다. 서울 하늘이라 매우 어둡게 보이지만 가까스로 주요 별 몇 개로 그 모습을 확인할 수 있었습니다. 호성이는 처음으로 스스로 별자리를 하나 찾아본 것이었습니다. 하늘에 떠 있는 큰곰은 생각보다 너무나 웅장한 모습을 하고 있었습니다.

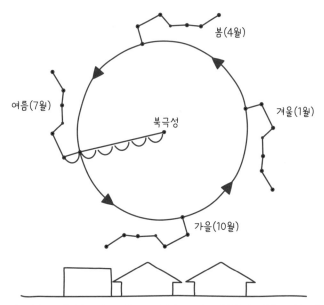

➡ 북쪽 하늘에서 북두칠성의 위치. 북두칠성은 계절별로 보이는 위치가 다릅니다. 그림은 4월, 7월, 10월, 1월의 밤 10시경 위치입니다. 또 북두칠성의 앞에 있는 두 별을 그 거리의 다섯 배가량 연장하면 북극성이 보입니다.

북두칠성 찾기

　북두칠성은 우리에게 가장 친숙한 별자리입니다. 북두칠성은 봄철에 북쪽 하늘 높이 떠오릅니다. 여름철에는 북서쪽 하늘에 뜨고 가을철에는 북쪽 하늘 낮게 떠 있으므로 거의 눈에 띄지 않습니다. 겨울철에는 다시 북동쪽 하늘에 떠 있습니다. 북두칠성을 이루는 대부분의 별들은 밝기가 2등급인 별입니다. 밤하늘에서 꽤 밝은 별에 속합니다. 특히 북쪽 하늘 부근에서는 직녀성, 카펠라, 데네브 이 세 별만이 1등성이므로 이 별들만 제외하면 가장 밝은 편에 속합니다.

　북쪽 하늘에서 국자 모양을 한 일곱 개의 밝은 별을 찾습니다. 그중 국자

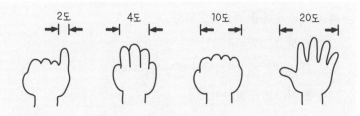

천구상의 각거리. 손을 뻗은 상태에서 보이는 크기로 각거리를 알 수 있습니다.

몸체와 자루를 연결하는 네 번째 별은 다소 어둡습니다. 북두칠성의 첫 번째 별과 두 번째 별을 연결한 길이는 약 5도로 보름달이 열 개가량 들어갈 크기랍니다. 북두칠성 맨 앞에서 맨 끝까지의 길이는 약 25도가량 되는데, 이 길이는 손을 쭉 뻗어서 손을 한 뼘 펼친 길이보다 조금 더 큰 정도랍니다.

✦ 쌍안경으로도 하늘을 볼 수 있나요? ✦

딩동!

현관 벨 소리가 울렸습니다.

하늘을 바라보다가 문득 정신을 차린 호성이는 방 안의 불을 켜고 밖으로 나갔습니다. 퇴근을 하신 아버지가 막 들어오고 계셨습니다.

"오늘은 일찍 들어오시네요."

"밥 먹었니?"

호성이의 아버지는 대기업체의 연구소에 다니십니다. 아버지는 그곳에서 연구원으로 신제품 개발에 몰두하고 계십니다. 때문에 늦게 들어오시는 일이 많긴 하지만, 열심히 일하시는 아버지의 모습이 호성이는 그렇게 자랑스러울 수가 없습니다.

"네."

아버지는 외투를 벗으며 어머니가 건네는 물을 한 잔 들이켜시고는 얼굴 가득 웃음을 지으셨습니다.

"무엇을 하고 있었니?"

호성이는 잠시 머뭇거리다가 대답했습니다.

"하늘을 쳐다보고 있었어요."

"하늘?"

아버지는 의외라는 듯 호성이를 쳐다보았습니다.

"네, 오늘 처음으로 북두칠성을 찾았어요."

그 말에 어머니께서 말을 거드셨습니다.

"당신 닮았나 봐요. 하늘에 관심을 두는 것을 보면…"

그 말에 호성이는 깜짝 놀랐습니다. 어머니의 말씀이 다소 의외였기 때문입니다.

아버지는 잠시 생각에 잠기시는 듯하더니 호성이에게 물으셨습니다.

"북두칠성이 어떻게 보이든?"

"생각보다 찾기가 어려웠어요. 대도시 하늘이라 그런가 봐요. 하지만 저는 찾아내고 말았지요. 꽤 크던데요?"

"호성이 네가 별에 관심을 갖다니, 의외구나."

"아니에요, 오래전부터 관심이 많았어요. 보기 시작한 것은 며칠 전부터지만…"

아버지는 호성이를 데리고 서재로 가시더니 서랍에서 무언가를 꺼내 주셨습니다. 그것은 쌍안경이었습니다.

"어? 이거 쌍안경 아녜요?"

"그래, 예전에 내가 쓰던 거란다. 네가 별을 본다니까 이제 너에게 필요할 것 같구나."

"네? 쌍안경으로 별을 봐요? 망원경도 아닌데요?"

"쌍안경으로도 별을 볼 수 있단다. 잘만 쓰면 매우 유용한 도구지."

"그래요? 전 쌍안경은 야구장에 갈 때나 쓰는 줄 알았어요. 헤헤."

호성이는 아버지에게서 받은 쌍안경을 자세히 살펴보았습니다. 앞부분에 큰 렌즈가 두 개 있고 뒤쪽에 눈으로 들여다보는 작은 렌즈가 또 두 개 있었습니다. 그리고 쌍안경의 한쪽에 8×30이라는 표시가 나 있었습니다.

"이건 무슨 표시예요?"

"아, 8×30 말이지? 그건 배율이 8배이고, 구경이 30mm라는 뜻이란다."

"구경요?"

"쌍안경 앞에 있는 렌즈의 지름을 구경이라고 해."

"배율은 높을수록 좋은 거지요?"

"그건 절대로 아니란다. 나중에 자세히 공부할 날이 있을 거야."

"네. 그런데 이걸로 무엇을 보는데요? 별을 보나요?"

"별을 보는 건 아니란다. 음… 오늘 북두칠성을 찾았다고 했지? 이 쌍안경으로 북두칠성 끝에서 두 번째 별을 한번 보렴."

쌍안경

쌍안경의 크기

쌍안경을 자세히 살펴보면 그 표면에 7×25, 8×30, 7×50와 같은 숫자가 쓰여 있습니다. 이 수치는 쌍안경의 배율과 구경을 나타냅니다.

앞의 숫자는 쌍안경의 배율로, 보이는 대상이 얼마나 확대되어 보이는가를 말합니다. 두 번째 숫자는 쌍안경의 렌즈 직경을 뜻하는데, 25면 렌즈 지름이 25mm, 50이면 50mm입니다. 이 직경이 클수록 큰 쌍안경입니다. 또 클수록 별들도 잘 보입니다.

천체용으로 가장 많이 쓰이는 것은 7×50부터 10×50 정도의 쌍안경입니다. 10배율 이상은 손으로 들고 볼 때 많이 흔들리므로 바람직하지 않습니다. 또 50mm보다 직경이 커지면 무거워지므로 손으로 들고 보기 어렵게 됩니다. 30mm보다 더 작은 쌍안경은 천체관측용으로 쓰기에 부적절합니다.

호성이는 쌍안경을 이리저리 살펴보았습니다. 쌍안경을 잘 살펴보니 중간에 나사 같은 것이 있었습니다.

"아버지, 이건 뭐예요?"

"그건 초점을 맞추는 거란다. 사람마다 시력이 달라서 초점 위치가 다르지. 그 나사를 조정해보면 초점을 맞출 수가 있단다."

나사를 돌려보니 눈 쪽의 렌즈가 앞으로 나왔다가 뒤로 들어갔다 했습니다.

방으로 돌아온 호성이는 별자리 책을 펴고 북두칠성 부분을 잘 살펴보았습니다. 책에는 북두칠성 끝에서 두 번째 별을 미자르라고 부른다고 적혀 있었습니다. 또 미자르는 바로 옆에 또 하나의 밝은 별이 붙어 있는 이중성이라고 쓰여 있었습니다. 눈이 좋은 사람들은 맨눈으로도 그 사실을 알 수 있다고 합니다.

"그냥 눈으로만 보아도 두 개란 사실을 알 수 있다구? 조금 전에 보았을 때 전혀 그런 사실을 몰랐는데? 내 눈이 나쁜 건가?"

호성이는 국자 자루 끝 두 번째 별을 뚫어지게 쳐다보았습니다.

여전히 하나의 별로 보였습니다. 다소 실망한 호성이는 쌍안경으로 그 별을 겨누어 보았습니다.

처음에는 지금 보고 있는 별이 어느 별인지 알기 어려웠습니다. 하지만 하늘의 위치대로 북두칠성 별들을 가늠하며 하나하나 쌍안경을 옮겨보니 그제서야 지금 어디를 쳐다보고 있는지 구분이 되었습니다.

"아!"

호성이는 탄성을 질렀습니다. 밝은 별 옆에 또 하나의 별이 있는 것이 눈에 보였기 때문입니다. 처음의 밝은 별에 비해 좀 어두운 별이 나란히 붙어 있는 모습은 퍽이나 인상적이었습니다.

"이것이 바로 이중성이구나!"

호성이는 그 모습이 너무나 신기했습니다. 또 쌍안경이 이런 별하늘을 보여줄 수 있다는 사실에 매우 놀랐습니다.

✬ 달 표면은 곰보자국이 많네요 ✬

그로부터 며칠 동안 호성이는 쌍안경을 열심히 보았습니다. 쌍안경으로 보이는 별들이 마냥 신기했습니다. 무슨 별을 보고 있는지도 몰랐지만 별을 본다는 사실만으로도 재미있었습니다.

호성이는 점점 밤하늘에 익숙해졌습니다. 북두칠성은 물론이고 큰곰자리에서 시작해 봄철의 유명한 별자리라는 사자자리와 목자자리도 찾을 수 있게 되었습니다.

어느 날 다른 때와 마찬가지로 하늘을 쳐다보던 호성이는 서쪽 하늘에 어여쁜 달이 떠 있는 것을 발견했습니다. 초저녁 노을이 진 서쪽 하늘에 떠 있는 것을 보니 초승달임이 분명했습니다.

"저 달에는 토끼가 살고 있을까?"

물론 호성이도 달에는 토끼가 없다는 사실을 잘 알고 있습니다. 달에는 공기가 없고 물도 없으니 생물이 살 수 없다는 사실을 이미 책에서 배웠기 때문입니다. 하지만 이렇게 달을 쳐다보고 있으면 달에 대한 막연한 동경심이 가슴 가득 메워지는 것만은 어쩔 수 없습니다.

"그러고 보니 초승달은 항상 서쪽 하늘에만 떠 있네. 초승달은 왜 동쪽 하늘에 떠 있을 수 없는 걸까?"

호성이는 곰곰이 생각해보았지만 그 이유를 알 수가 없었습니다.

달의 모습

달은 지구 주위를 한 달에 한 바퀴씩 돌고 있습니다. 이것은 지구가 태양의 주위를 일 년에 한 바퀴씩 도는 것과 유사합니다. 달은 스스로 빛을 내지

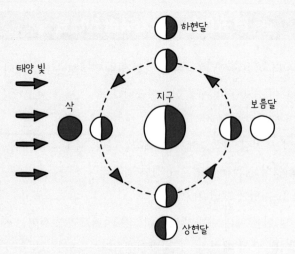

지구 주위를 돌고 있는 달. 달의 위치에 따라 그 모습이 다르게 보입니다.

못하고 태양의 빛을 반사하여 빛나고 있기 때문에 우리는 태양빛이 비치는 달의 표면만 볼 수 있습니다.

지구에서 보았을 때 달이 태양 방향에 위치해 있다면 우리가 보는 달의 표면에는 태양의 빛이 비치지 않습니다. 이때에는 달의 뒤쪽 면에만 빛이 비칩니다. 그러므로 우리에게 달은 전혀 보이지 않습니다. 이 시기가 바로 달이 없는 밤인 합삭입니다.

지구에서 보았을 때 달이 태양의 반대편에 있다면 우리는 태양빛이 비치는 모든 면을 볼 수가 있습니다. 이때는 태양의 정반대 편에 달이 위치해 있으므로 태양이 서쪽 하늘로 질 때 달은 동쪽 하늘로 떠오릅니다. 이것이 바로 둥근 보름달입니다.

지구에서 볼 때 달이 태양에서 90도 떨어져 있게 되면 달은 반달 형상이 됩니다. 이것은 상현달과 하현달입니다. 상현달은 저녁에 남쪽 하늘 높이 떠 있고 자정 무렵 서쪽 하늘로 집니다. 반면 하현달은 자정 무렵 떠올라 새벽에 하늘 높이 떠오릅니다.

그럼 그믐달은 언제 떠오를까요? 바로 새벽에 동쪽 하늘에서 떠오릅니다. 이 모든 것은 태양과 달의 위치를 하늘에서 그려보면 잘 알 수 있습니다.

자, 이제 초승달의 모습을 생각해봅시다. 초승달은 어떻게 생겼을까요? 달의 오른쪽 부분이 빛나는 것이 바로 초승달입니다. 왜일까요? 달의 오른쪽에 태양이 위치해 있기 때문이랍니다.

그럼 그믐달의 모습은 어떻게 생겼을까요?

달을 하염없이 바라보던 호성이는 문득 며칠 전 별들을 볼 때 썼던 쌍안경이 생각났습니다.

"아! 쌍안경으로 달을 보면 어떻게 보일까?"

호성이는 쌍안경으로 달을 본 적이 한 번도 없다는 사실을 깨달았

➡ 초승달의 모습. 초승달일 때 가끔 태양빛이 닿지 않는 달의 부분도 흐릿하게 나타납니다. 이 부분은 지구에서 반사된 빛에 의해 보이는 부분으로 '지구조'라고 부릅니다.

습니다. 분명히 눈으로 보는 것과는 또 다른 모습이 보일 것 같았습니다.

"아!"

쌍안경에 눈을 들이대고 달을 겨누는 순간 호성이는 탄성을 질렀습니다. 사진으로만 보던 달의 표면이 보이는 것이었습니다. 달은 비록 작았지만 그래도 선명하게 표면의 크레이터가 보였습니다.

처음 보는 모습에 호성이는 정신없이 달을 쳐다보았습니다.

달을 보다 보니 문득 망원경을 가지고 싶어졌습니다. 천체망원경으로 저 달을 보면 얼마나 잘 보일까요. 망원경만 있으면 하늘에 있는 달과 별들 모두 볼 수 있을 것 같은 느낌이 들었습니다.

"부모님께 말씀드리면 사주실까?"

다소 염려되기는 했지만 한번 여쭈어보아야겠다고 생각했습니다. 지난번 백화점에 갔을 때 카메라점에서 망원경을 파는 것을 보았던 기억이 났습니다.

호성이는 망원경을 꿈꾸며 다시 쌍안경에 눈을 대었습니다.

 **시야 넓히기**

달 관측 시기

누구나 처음에는 보름달일 때 달이 가장 잘 보일 것이라고 생각합니다. 하지만 실제로는 그렇지 않습니다. 달의 표면에서 우리가 관측하기 쉬운 부분은 밝은 부분과 그늘진 곳의 경계 지역입니다. 바로 달의 이지러진 부분이지요. 이 부분에서 달의 표면이 가장 입체적으로 잘 드러납니다.

예를 들어 반달이라면 달이 잘린 부분, 즉 달의 중심을 지나는 밝고 어두운 경계선 부근에서 표면 모습이 가장 뚜렷하게 보입니다. 그러므로 반달을 전후한 시기가 달의 표면을 관측하기 좋습니다. 반면 보름달일 때 크레이터 관측은 사실상 어렵습니다.

달은 약 한 달 동안 차고 이지러짐을 반복합니다. 그러므로 달의 표면을 전부 관측하려면 적어도 한 달의 기간이 필요합니다.

맨눈으로는 달의 표면에서 바다를 확인할 수 있습니다. 달의 바다는 검게 나타나 여러 모습을 만들어낸답니다. 달 표면에는 운석이 떨어진 자국으로 알려져 있는 크레이터가 많이 있습니다. 큰 크레이터들은 소형 쌍안경으로도 확인 가능합니다. 소형 천체망원경으로 보면 달의 표면은 놀랍도록 자세히 보입니다.

그날 저녁을 먹으면서 호성이는 조금 전에 보았던 달 이야기를 꺼내었습니다.

"아버지! 오늘 달을 보았어요."

"달? 그건 항상 보는 거 아니니?"

아버지는 별일 아니라는 듯 처음에는 큰 관심을 보이지 않았습니다.

"그게 아니고요, 쌍안경으로 보았더니 달 표면이 보이더라고요."

그제서야 아버지께서는 웃음을 지으며 고개를 끄덕였습니다.

"재미있는 광경을 봤겠구나. 그런데 쌍안경을 준 게 언제인데 이제서야 보았니?"

"그동안은 달이 없었거든요. 새벽에 보였나 봐요. 오늘 초승달이 서쪽 하늘에 걸려 있더라고요. 달의 크레이터들이 막 보이는거 있죠? 정말 신기했어요!"

"초승달이라… 표면이 참 잘 보이겠구나."

아버지의 말씀에 호성이는 더욱 신이 났습니다.

"아버지도 달을 본 적이 있으세요?"

그 말에 어머니는 웃으시며 대답하셨습니다.

"아버지도 학창시절에 별이라고 하면 정신을 못 차리셨단다. 학교 졸업하면서 그만두셨지만…."

"그래요?"

"자! 어서 밥이나 먹자꾸나."

아버지는 수저를 드시며 호성이에게 말했습니다.

"네! 그런데요, 초승달에서도 달이 저렇게 잘 보이니 보름달이 뜨면 굉장하겠죠? 달 표면이 엄청나게 잘 보일 것 같아요."

"그건 아니란다. 보름달이 뜨면 오히려 아무것도 안 보이지."

"네? 잘 이해가 안 되는데요?"

"흔히 보름달이 뜨면 달이 크고 밝아서 달 표면도 잘 보일 것이라 생각하지만 실제로는 그렇지 않단다. 오늘 초승달 볼 때 주의 깊게 보았으면 알겠지만 달의 표면이 보이는 곳은 달의 이지러진 면, 즉 밝고 어두운 경계 면에서만 보이지. 보름달이 되면 이지러진 부분이 없어지니까 오히려 볼 수가 없단다."

"그래요? 이상하다. 그건 왜 그래요?"

"그건 달이 태양빛을 받게 되면 경계 부분에서 그림자가 선명하게 나타나기 때문이야. 아침이나 저녁에 그림자가 길어지는 것과 비슷하지. 그림자가 뚜렷해야 우리는 달의 지형을 더 잘 구분할 수가 있거든."

호성이는 고개를 갸웃거렸습니다.

호성이가 보름달을 쌍안경으로 본 것은 그로부터 약 10여 일이 지난 다음이었습니다. 아니나 다를까, 보름달에서는 달의 표면을 제대로 볼 수 없었습니다. 하지만 달은 엄청나게 밝았답니다.

저녁을 먹은 후 아버지는 소파에 앉아 커피를 드셨습니다. 호성이는 이야기할까 말까 망설이던 망원경 이야기를 꺼내기로 마음먹었습니다.

"아버지, 저 망원경 말인데요."

"망원경?"

"오늘 쌍안경으로 달을 보니 망원경이 무척 갖고 싶어졌어요. 망원경으로 달을 보면 엄청 잘 보일 것 같아서요. 망원경 하나 사주시면 안 될까요?"

호성이는 조심스레 아버지의 눈치를 살폈습니다. 아버지는 말씀이 없으셨습니다. 한참 생각을 하시더니 이윽고 말문을 여셨습니다.

"어떤 망원경 말이냐?"

호성이는 내심 쾌재를 부르며 신나게 이야기했습니다.

"얼마 전에 백화점에 갔더니 마음에 드는 망원경을 파는 곳이 있었어요. 가격도 별로 비싸지 않고, 그 정도면 하늘도 잘 보일 것 같아요."

"그 망원경으로 무엇을 할 생각이니?"

"달도 보고요, 또 별도 보고요, 하늘에 있는 것 전부 다요."

"하하하! 호성이 넌 망원경을 너무 믿고 있구나. 지금 너의 이야기를 들어보니 아직 준비가 전혀 안 되어 있어. 사실 네가 이야기하는 그런 망원경으로는 달은 잘 보이겠지만 다른 것들은 보기 어렵단다. 그런 망원경은 장난감이나 마찬가지거든."

"그래요?"

호성이는 깜짝 놀랐습니다. 매장에 화려하게 전시되어 있던 그런 망원경이 장난감에 불과하다니! 정말 의외였습니다.

"그럼 어떤 망원경이 좋은 망원경이에요? 설마 천문대에 있는 거대한 망원경들을 이야기하시는 것은 아니겠지요?"

"천체망원경을 사려면 먼저 망원경을 한 번 구경해보고 사는 것이 좋단다. 즉, 망원경으로 하늘의 별들이 어떤 모습으로 보이는지 확인한 다음 망원경을 사도 늦지 않아. 그렇지 않으면 망원경의 성능에 막연한 환상을 갖고 있어서 결국 실망하게 되고 돈만 낭비하는 결과가 발생하지."

"천체망원경을 어디에서 구경할 수 있어요?"

"대부분의 학교에 천체망원경이 있으니까 학교에 가서 구경할 수 있고, 아니면 사설 천문대들도 많이 있으니까 하룻밤 천문 캠프에 참여해도 천체망원경을 실제로 볼 기회가 생긴단다. 생각해보면 방법은 많아."

"전 당장 사고 싶은데요…."

호성이는 풀이 죽었습니다.

아버지는 호성이의 어깨를 탁 치시더니 웃음을 지으셨습니다.

"그래! 어쩔 수 없구나. 마침 이 아버지 친구 중에 열심히 별을 보는 사람이 한 사람 있거든. 그 아저씨 집에 구경 가도록 하자. 망원경 구경."

"와! 신난다."

호성이는 아버지 친구 중에 그런 분이 계시다는 사실에 놀랐습니다. 꿈에 그리던 망원경을 직접 볼 수 있다니! 호성이의 마음은 한없이 부풀어 올랐습니다.

✨ 달에서 토끼를 찾아봅니다 ✨

그로부터 얼마 동안 달이 점점 차올랐습니다. 초승달에서 반달로 바뀌어갔습니다. 달이 반달로 바뀌면서 저녁 시간에 보이는 달의 위치도 점점 서쪽에서 남쪽으로 옮겨갔습니다. 달의 모습에 따라 저녁 시간 달이 하늘에 떠 있는 위치가 달라진다는 사실을 다시 한 번 깨달았습니다.

저녁 시간을 기준으로 하면, 초승달은 서쪽에, 반달은 하늘의 정남 높은 곳에 있고, 보름달은 초저녁 하늘의 동쪽에서 떠오릅니다. 초저녁에 하늘 남쪽에 떠 있는 반달은 분명 시간이 지나면 서쪽 하늘로 질 것입니다. 해가 동에서 떠서 서로 지듯이 달도 서쪽으로 질 것이니까요.

마침내 보름달이 되었습니다.

호성이는 쌍안경으로 달을 겨누었습니다. 과연 달의 표면 모습이 보이는지 보이지 않는지 확인할 수 있는 기회였습니다. 쌍안경에 비친 달은 눈이 멍해질 정도로 밝았습니다. 하지만 지금까지 잘 보이던 달 표면의 모습은 씻은 듯 사라지고 없었습니다. 그 대신에 달의 아래쪽에서 빛살 같은 무늬가 달 전체를 뒤덮고 있었습니다. 이 무늬는 광조란 것입니다. 평소에는 잘 보이지 않지만 보름달일 때에는 더욱 뚜렷하게 나타나는 달의 무늬랍니다.

"옛날 사람들은 보름달을 보며 토끼가 방아 찧는 모습을 보았다는데…."

호성이는 동쪽 하늘에 떠오르는 달을 자세히 살펴보았습니다.

"저 검은 부분이 달의 바다라고 했지."

달에서 토끼와 절구통 같은 모양을 찾아본 호성이는 탄성을 터뜨렸습니다.

"옛날 사람들의 상상력은 정말 대단해!"

 시야 넓히기

달의 토끼와 여러 모습

대부분의 사람들은 적어도 일 년에 한두 차례 달을 쳐다보게 마련입니다. 그 대표적인 때가 정월 대보름과 추석날이지요. 보통 사람들은 보름달을 보며 소원을 빌고 그만이지만, 하늘에 관심 있는 사람이라면 그 정도로 만족할 수 없겠지요.

지금부터 보름달을 살펴봅시다. 보통은 달을 그리면 그냥 노란색으로 밋밋하게 그리지만 사실 달에는 밝고 어두운 면이 모두 있습니다. 우리는 달의 밝은 부분을 육지라 하고 어두운 부분을 바다라 이름 붙였습니다. 물론 물이 있는 바다는 아니랍니다.

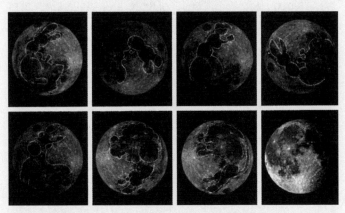

달에서 그릴 수 있는 여러 가지 모습. 나라마다 민족마다 각기 다릅니다.

달의 어두운 부분은 여러 가지 모습이 그려집니다. 동쪽 하늘에 떠오르는 보름달에서는 위쪽에 몇 개의 어두운 바다가 이어져 있는데 이 부분이 바로 토끼의 머리와 귀 부분입니다. 그리고 아래쪽의 어두운 넓은 부분이 토끼의 몸통이고 또 절구통입니다.

옛날 사람들의 그 무한한 상상력에 절로 감탄사가 연발됩니다. 그리고 달에서 토끼 한 마리가 우리의 할아버지 때보다 더 오래전부터 지금까지 열심히 방아를 찧고 있었다는 사실을 새삼 깨닫습니다.

우리나라에서는 달의 표면 형상을 토끼로 보았지만 이것은 나라마다 다릅니다. 그 나라의 문화와 습성에 따라 달을 보는 눈이 달랐다는 사실은 흥미롭습니다. 서양에서는 달의 모습을 보석 목걸이를 걸고 있는 여인의 얼굴로 보았습니다. 어떻게 보름달이 여인의 얼굴이 될 수 있을까요? 보름달을 보면 가장 밝은 부분에서 사방으로 빛줄기가 뻗어나가는 듯한 형상이 보입니다. 바로 이 부분이 여인의 목에 걸린 목걸이이지요. 그리고 우리가 토끼의 얼굴과 귀로 본 달의 바다 부분은 여인의 머리카락입니다. 그리고 그 아래쪽에 웃는 여인의 얼굴이 있습니다. 보름달에서 여인의 모습은 달이 중천 높이 떠 있을 때 가장 잘 느껴집니다.

보름달에서 상상할 수 있는 형상은 이 밖에도 많이 있습니다. 세계 각 민족마다 저마다 달랐습니다. 책을 읽는 여인의 모습이나 집게발을 쳐든 게, 귀여운 당나귀의 모습, 나무를 이고 있는 사람, 울부짖는 사자의 모습 등으로 보기도 합니다. 이 모습들을 하나하나 보름달에 그려보면 참으로 다양한 상상력에 절로 고개가 숙여집니다.

★ 밤하늘의 별을 찾는 기본은 북두칠성에서 시작합니다. 가장 보기 쉽고 친숙한 별자리부터 시작하는 것이 순서입니다. 북두칠성은 비교적 밝은 별로 이루어져 있어서 도심에서도 불빛만 피한다면 볼 수 있습니다.

★ 밤하늘 관측을 처음 시작하려면 거창한 장비보다 작은 소형 쌍안경으로 먼저 시작하는 것이 좋습니다. 하늘에는 여러 대상이 있지만 초보자가 처음 접하기 좋은 대상은 달입니다. 달에 나타난 음영으로 토끼를 그려봅니다. 주의 깊게 살펴보면 쌍안경으로도 크레이터의 흔적을 느낄 수 있습니다.

2부

천체망원경이란
무엇인가요?

신입생 시절에 해야 하는 대표적인 일로 특별활동반을 정하는 것이 있습니다. 특별활동 시간은 학생들에게 흥미로운 분야에 대해 학습할 기회를 줍니다.

호성이도 특별활동반을 선택해야 했습니다. 처음에는 컴퓨터반에 가입하려고 했지만 너무 많은 학생들이 몰려 포기하고 말았습니다. 여학생들이 많은 문예반도 생각을 해보았습니다. 하지만 호성이로서는 적응하기가 쉽지 않을 것 같았습니다.

고민을 하다가 호성이는 자신의 관심사의 하나인 천체관측반을 선택했습니다.

하지만 이마저 쉬운 일은 아니었습니다. 천체관측반에도 많은 학생들이 몰려들어 면접시험을 치른다고 했습니다.

"우주에 많은 관심을 가지고 있습니다. 또 집에서 매일 쌍안경으로 달과 별을 보고 있습니다. 천체관측반에 들어가게 되면 천체망원경을 이용한 관측을 해보고 싶습니다. 앞으로 많이 배우고 싶습니다."

그렇게 호성이는 자신의 소개를 했습니다. 2학년 형과 누나들로 구성된 면접관들이 호성이에게 몇 가지를 물었습니다. 질문 내용은 그리 어렵지 않았습니다.

"강호성 합격! 축하한다!"

얼마 뒤 호성이는 합격 소식을 들을 수 있었습니다.

호성이와 함께 뽑힌 1학년은 모두 열 명이었습니다. 그중에 여학생은 절반인 다섯 명입니다. 나중에 안 사실이지만 일부러 남녀 숫자를 맞추어 뽑는다고 합니다. 그 열 명 중에 호성이와 한 반인 학생도 한 명 있었습니다. 그 학생은 여학생이었는데, 이름이 정은하라고 했

습니다. 물론 아직 신학기라 호성이는 그 여학생과 이야기 한 번 해
본 적이 없었습니다.

　호성이는 같은 학년 열 명과 함께 앞으로 졸업할 때까지 우주에
대해 공부할 것이라고 생각하니 가슴이 부풀어 올랐습니다.

　그로부터 며칠 뒤, 토요일 밤이 되었습니다. 마침내 그날이 왔습니
다. 저녁이 되자 호성이는 아버지와 함께 천체망원경을 보러 가게 되
었습니다. 의외로 별을 보신다는 아버지의 친구분은 가까운 곳에 살
고 계셨습니다. 자그마한 2층 집이었습니다.

　거실을 들어서면서부터 호성이는 깜짝 놀랐습니다. 거실 벽에 갖
가지 천체사진들이 걸려 있었기 때문입니다.

　"와아!"

　입을 다물지 못하는 호성이를 보고 아버지는 웃음을 지으셨습
니다.

　"이 사진들은 정 선생님이 직접 찍으신 거란다."

　아버지 친구인 아저씨의 성함은 정성단으로, 중학교에서 과학을
가르치는 선생님이라고 하셨습니다. 무척 인자하게 생기신 아저씨였
습니다.

　"이게 얼마 만인가!"

　반갑게 맞이하는 정성단 아저씨와 아버지는 악수를 나누었습니
다.

　"우리 아들이 별을 좀 보겠다고 해서 말이야. 별도 좀 보고, 또 천
체망원경이 뭔지도 좀 가르쳐 달라고 해서 이렇게 찾아왔네."

　"이 학생이 자네 아들인가 보구만."

　호성이는 꾸벅 인사를 했습니다.

　"자네 딸은 아직 안 들어왔나 보지?"

아버지의 물음에 아저씨는 고개를 끄덕이셨습니다.

"도서관에서 공부하다 늦게 온다고 연락 왔어. 조금 있으면 올 거야. 아참! 자네 아들이랑 동갑내기구만. 넌 어느 학교에 다니니?"

호성이가 학교 이름을 말하자 아저씨는 깜짝 놀라며 말씀하셨습니다.

"어? 우리 딸이랑 같은 학교네! 묘한 인연이구나. 너도 아빠를 닮아 하늘에 관심이 많은 모양이로구나?"

"요즘 천체망원경을 하나 사려고 하거든요. 그런데 아직 모르는 게 많아서 알고 싶어서 왔어요."

"자, 그럼 일단 여기 앉아라. 내가 몇 가지 보여주고 이야기를 해주마."

아저씨는 호성이에게 자리를 권한 후, 음료수를 주시고는 망원경을 들고 오셨습니다. 길고 작은 망원경이었습니다.

"아! 망원경이네요."

호성이의 입이 벌어졌습니다.

"그래, 굴절망원경이란다. 망원경 중에서 구조가 가장 간단하고 익숙한 형상이지."

망원경의 앞에는 큰 렌즈가 하나 달려 있었고 뒤편에는 작은 렌즈가 하나 달려 있었습니다.

"망원경의 원리는 앞에 붙어 있는 큰 볼록렌즈에 의해 모여진 빛을 뒤쪽의 작은 렌즈로 보는 것이란다."

아저씨는 망원경의 원리를 자세히 설명해 주셨습니다.

굴절망원경의 원리

천체망원경은 멀리 있는 것을 가까이 있는 것처럼 크게 확대하여 보는 기구입니다. 쉽게 이야기하면 우리가 흔히 접하는 쌍안경과 비슷한 것입니다.

천체망원경의 대표격이라 할 수 있는 굴절망원경을 살펴보기로 합시다. 여러분들은 볼록렌즈를 사용해 검은 종이에 불을 붙여본 경험이 있을 것입니다. 빛이 볼록렌즈를 통과하면 작은 점으로 모여집니다. 볼록렌즈가 빛을

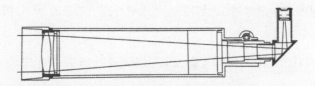

굴절망원경의 광로도. 볼록렌즈를 통과한 빛이 모이면 아이피스로 확대해봅니다.

굴절망원경의 모습

모으는 성질을 이용하여 만든 망원경이 바로 굴절망원경입니다.

굴절망원경은 모여진 빛을 다시 볼록렌즈로 확대해 보는 형식의 망원경입니다. 굴절망원경은 가장 먼저 개발된 망원경으로 많은 사람들에게 사랑을 받고 있고, 또 가장 익숙한 형태의 망원경이랍니다.

빛을 모으는 이 볼록렌즈를 천체망원경의 주경이라 합니다. 주경은 굴절망원경의 앞쪽에 있습니다. 주경에 의해 형성된 물체의 상을 똑똑히 보기 위해서는 아이피스라는 접안렌즈가 필요합니다.

설명을 들으면서 호성이는 굴절망원경을 요리조리 살펴보았습니다.

"갈릴레이가 처음 하늘을 보았던 망원경이 바로 이런 형식이었나요?"

호성이의 질문에 아저씨는 설명을 해주셨습니다.

"그렇지, 물론 접안렌즈라고 하는 아이피스 부분이 볼록렌즈가 아니라 오목렌즈였지만 원리는 마찬가지란다."

"그럼 망원경이라면 전부 이처럼 생긴 굴절망원경인가요?"

"아! 그건 아니란다. 망원경에는 굴절망원경도 있고 반사망원경도 있고, 또 다른 종류의 망원경도 있단다. 망원경의 종류는 망원경의 광학적 구성 형식에 따라 구분되지. 즉, 달리 말하면 어떻게 빛을 모으는가 하는 점에 의해서 결정된단다. 굴절망원경 못지않게 많이 쓰이는 망원경으로는 반사망원경이 있단다."

반사망원경의 원리

반사망원경은 오목거울이 빛을 모으는 성질을 이용한 것입니다. 반사망원경에도 여러 가지 종류가 있으나 일반적으로 반사망원경이라 하면 뉴턴식 반사망원경을 말합니다.

오목거울은 빛을 반사해 한 점에 모이게 합니다. 하지만 이 초점이 거울의 앞쪽에 위치하므로 이 상태로는 들여다볼 수 없습니다. 이 때문에 반사

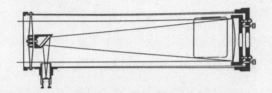

반사망원경의 광로도. 오목거울을 통과한 빛은 한 점으로 모입니다.

반사망원경의 모습

망원경의 앞에는 45도로 기울어진 평면경이 있습니다. 이를 사경이라 합니다. 사경에 의해 물체의 상이 경통 밖에 맺히면 우리가 눈으로 볼 수 있게 됩니다. 이 망원경을 뉴턴식 망원경이라 하며, 영국의 유명한 과학자인 뉴턴이 처음 발명했습니다.

뉴턴식 반사망원경의 가장 큰 특징이라면 들여다보는 부분이 경통 앞부분 옆쪽에 위치한다는 점입니다. 그러므로 망원경을 보려면 경통의 옆쪽으로 나 있는 접안부에 눈을 들이대야 합니다. 반사망원경을 볼 때에 경통 뒤편으로 보려고 폼 잡는 사람이 많다는 것은 사실 얼마나 우스운 일인가요!

반사망원경 중에서도 뉴턴식 반사망원경과는 달리 경통 뒤편으로 접안부가 나 있는 망원경이 있습니다. 이런 망원경은 경통 뒤쪽으로 들여다보는 구조로 되어 있습니다. 이것이 가능한 이유는 경통 안쪽에 부경이라고 하는 볼록거울을 달아 빛을 다시 반사경에 나 있는 구멍으로 빼낼 수 있게 하기 때문입니다. 대형 천문대에 있는 망원경에 이런 형식이 많습니다. 이런 망원경을 카세그레인 망원경이라 한답니다.

✨ 망원경은 누가 발명했을까요? ✨

"전 망원경이라면 굴절망원경만 있는 줄 알았어요."

호성이는 신기해하며 말했습니다.

"처음에는 누구나 다 그렇단다. 굴절망원경만 망원경인 줄 알지. 다른 형태의 망원경도 있다는 사실을 잘 모르지. 하지만 반사망원경도 많은 사람들이 즐겨 쓰는 망원경이란다."

"그럼 굴절망원경보다 반사망원경이 더 좋은 망원경인가요?"

"그렇게 단순히 비교하기는 어렵단다. 초기에 반사망원경이 개발된 이유는 굴절망원경의 색수차를 제거하고 구경을 키우기 위해서

였단다."

"색수차가 뭐예요?"

"프리즘 같은 것으로 햇빛을 투과시켜보면 빛들이 무지개색으로 나뉘어지지? 엄밀히 따지면 렌즈에서 굴절된 빛은 정확히 한 점에서 모이는 게 아니라 색깔별로 퍼져서 모이게 된단다. 이것을 색수차라 하는데, 이 때문에 물체의 상이 다소 흐려 보이게 돼. 굴절망원경은 이 색수차를 절대 피할 수 없단다. 천체망원경의 발전은 이 색수차와의 싸움이었다고 할 수 있지."

"어려운 이야기인 것 같아요."

"망원경이 발전되어온 역사를 살펴보면 좀 더 이해가 될 거야."

아저씨는 음료수를 한 잔 들이켠 다음 이야기를 계속했습니다.

"오래전 17세기 네덜란드에 리페르스헤이라는 사람이 있었단다. 그 사람은 안경 만드는 것이 직업이라 항상 주변에 렌즈가 많았지. 어느 날 심심풀이로 두 장의 렌즈를 겹쳐서 먼 곳의 사물을 보게 되었는데 마치 손에 잡힐 만큼 가까이 보이는 거야. 영문을 모르는 그 사람은 렌즈가 부리는 마법이 사람을 현혹시키는 거라 생각했지."

아저씨는 천체망원경의 역사에 대해 긴 이야기를 해주셨습니다.

시야 넓히기

천체망원경의 역사

망원경의 발명은 17세기 초 네덜란드의 안경 제조업자였던 리페르스헤이가 한 것이라고 알려져 있습니다. 그러나 이를 이용하여 처음 하늘을 보았던 사람은 역사 속 유명한 갈릴레이입니다.

갈릴레이가 사용한 망원경은 약 30배 정도의 비율이었다고 합니다. 그는 이 망원경으로 목성의 4대 위성을 발견했고, 달 표면의 크레이터를 관측했으며, 태양의 흑점과 금성, 화성의 위상 변화도 관측했습니다. 심지어 그는 토성의 이상한 모습도 관측했지만, 그 당시의 그로서는 이것이 토성의 고리인지는 알지 못했습니다.

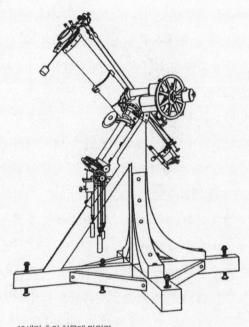

19세기 초의 천문대 망원경

갈릴레이의 망원경은 케플러에 의해 천체관측에 더 적합하게 개량되었습니다. 체계적인 달 관측을 한 최초의 사람은 헤벨리우스로서, 그는 1647년 상당히 정교한 달 표면 지도를 완성했습니다.

이후 망원경은 본격적으로 발달하기 시작했습니다. 토성의 고리를 최초로 발견한 호이겐스는 초점길이가 약 30m—이 당시에는 망원경의 크기를 초점길이로 나타내었습니다—인 망원경을 사용했습니다. 바로 1656년의 일입니다. 이즈음의 망원경은 작은 구경에 초점길이만 60m, 큰 것은 약 180m에 이르는 이상한 모습이었습니다. 당시의 빈약한 기술로는 이처럼 무거운 망원경을 자유자재로 움직이기가 불가능했으므로 망원경을 고정시켜 두고 목적하는 천체가 지나가기를 기다려 관측을 했습니다. 1663년 그레고리는 반사망원경을 처음으로 고안했습니다. 그는 오목거울이 볼록렌즈와 똑같은 상을 형성시킬 수 있다는 사실을 알고, 이를 이용해 그레고리 망원경을 설계했으나 실제 제작을 하지는 못했습니다.

최초의 반사망원경은 1668년 뉴턴에 의해서였습니다. 뉴턴의 반사망원경은 그 구경이 불과 25mm 정도의 것이었으므로 천문학적인 가치는 없었습니다. 반사망원경이 망원경으로 실제 등장하기 시작한 것은 1720년경 하들리에 의해서 구경 150mm, 초점길이 1.8m의 것이 제작된 후부터입니다. 이 반사망원경은 코팅 기술이 없었던 때였으므로 반짝이는 금속으로 제작되었지만, 성능이 뛰어나 천문학에 새바람을 일으켰습니다. 그러나 금속이 쉽게 바래지는 결점 때문에 수명이 매우 짧은 것이 약점이었습니다.

당시의 굴절망원경이 초점길이가 매우 길었던 이유는 색수차 때문이었

다중 미러 망원경(MMT). 미국 애리조나 홉킨스산에 세워진 망원경으로, 여섯 개의 반사경이 모여 구경 6.5m 망원경과 동일한 성능을 발휘합니다.

습니다. 색수차를 조금이라도 줄이기 위해서는 초점길이를 늘리는 수밖에 없었습니다. 이 문제는 몇 사람들의 노력에 의해 해결됩니다. 무어 홀과 돌 란드가 색수차를 보정한 색지움렌즈로 이루어진 굴절망원경을 개발하면서 굴절망원경의 전성시대가 시작되었습니다. 즉 18세기 중반부터 굴절망원경 은 오늘날과 유사한 형태를 취하게 되었습니다.

그러나 굴절망원경의 유행에도 불구하고 큰 구경의 것을 만들기가 곤란 하다는 단점은 여전히 남아 있었습니다. 반면, 반사망원경은 더 큰 구경의 제작이 용이했습니다. 이에 착안한 윌리엄 허셜은 1789년 구경 48인치의 대형 망원경을 제작했습니다. 본격적인 대형 망원경의 시대가 마침내 열리 기 시작한 것입니다.

오늘날에는 일반 광학망원경에서 전파망원경, 나아가 허블 망원경 같은 우주망원경에 이르기까지 다양한 망원경들이 만들어지고 있습니다. 광학 망원경으로는 36개의 거울을 조합한 구경 10m의 켁망원경이 제작되었고, 수백 개의 거울을 조합한 구경 30~100m에 이르는 슈퍼망원경도 개발되 고 있는 중입니다. 과학 기술이 발전함에 따라 고성능의 망원경이 계속해서 탄생할 것으로 예측됩니다.

전파망원경. 미국 뉴멕시코에 세워진 VLA 전파망원경입니다.

"그런데 이 망원경은 몇 배짜리예요? 자그마한 것을 보니 별로 배율이 높지 않을 것 같아요."

눈앞의 망원경을 들여다보며 호성이가 묻자 아저씨는 웃음을 터뜨리셨습니다.

"그건 왜 묻니?"

"저도 비슷한 천체망원경을 하나 사려고 하거든요. 몇 배짜리를 사면 좋은가 해서 여쭈어보는 거예요."

호성이의 아버지도 호성이의 이야기를 듣고 빙그레 웃음을 지으셨습니다.

아저씨는 잠시 뜸을 들이시더니 대답을 하셨습니다.

"호성아, 몇 배 정도나 될 것 같니?"

"글쎄요. 아마 10배? 아니, 100배쯤 될 것 같아요."

"천체망원경을 처음 접하는 사람들이 가장 착각하고 있는 것이 바로 천체망원경의 배율이란다. 망원경의 배율이 고정되어 있고 배율이 높은 망원경이 좋은 망원경이라고 생각하기 쉽지만 그것은 큰 착각이야."

호성이는 깜짝 놀랐습니다.

"네? 배율이 높은 것이 좋은 망원경이 아닌가요?"

"그건 절대로 아니란다. 천체망원경에서 배율이란 무의미한 거야. 왜냐하면 망원경은 배율을 자유자재로 바꿀 수 있거든!"

"아!"

이게 무슨 뚱딴지같은 소리일까요? 호성이는 생각지도 못한 이야기에 두 눈이 휘둥그레졌습니다.

망원경의 크기와 구경

흔히 초보자들은 천체망원경의 크기를 배율로 나타낸다고 생각합니다. 배율이 높은 망원경은 큰 망원경, 배율이 낮은 망원경은 작은 망원경, 이렇게 말입니다. 하지만 이것은 매우 잘못된 생각입니다. 천체망원경의 배율은 아이피스를 바꿈으로써 변화되는 것이기 때문입니다.

그럼 천체망원경이 크다 작다는 무엇으로 나타낼까요? 그것은 바로 구경입니다. 구경이란 빛을 받아들이는 주경의 지름을 의미합니다. 굴절망원경에서는 앞쪽 대물렌즈의 지름을 의미하고, 반사망원경은 뒤쪽에 위치한 오목거울의 지름을 의미합니다.

예를 들어 60mm 망원경이라고 하면 주경의 직경이 60mm인 망원경을 의미합니다. 흔히 mm 단위 대신 인치 단위를 쓰기도 하는데, 4인치 망원경이라 하면 주경의 지름이 102mm 정도의 망원경을 뜻합니다.

주경의 지름이 클수록 더 큰 망원경입니다. 절대로 100배인 망원경보다 200배인 망원경이 더 큰 망원경이 아닙니다. 100mm 망원경이 아이피스에 따라 때로는 100배가 될 수도 있고 200배가 될 수도 있기 때문입니다.

현재 우리나라에서 가장 큰 망원경은 보현산 천문대에 설치된 1.8m 망원경입니다. 즉, 이 망원경은 주경의 지름이 1.8m라는 뜻입니다.

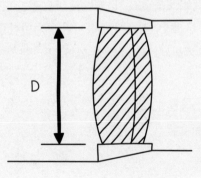

천체망원경의 주경 크기.
천체망원경의 주경 렌즈 직경이
바로 구경입니다.

"자, 그럼 그 망원경을 보거라. 앞에 무엇이라고 적혀 있니?"

아저씨는 호성이의 손에 있는 망원경을 가리켰습니다.

호성이는 이리저리 둘러보더니 고개를 갸웃거렸습니다.

"아무것도 안 적혀 있는데요?"

"녀석, 급하긴! 거기 말고 렌즈 앞쪽에 말이다."

"네!"

대답과 함께 호성이는 망원경의 앞쪽을 보았습니다. 렌즈를 감싸고 있는 부분에 숫자들이 선명히 새겨져 있었습니다.

"D=60mm에 F=600mm라고 쓰여 있는데요? 이게 무슨 뜻이에요?"

"그게 바로 망원경의 크기이지. 말하자면 승용차가 1000cc니, 1500cc니 하는 것과 같은 것이고 컴퓨터가 586이니, 686이니 하는 것과도 동일한 거란다."

"아하!"

호성이는 이해가 되었습니다. 망원경은 구경으로 크기를 나타낸다고 했으니까 분명히 이 수치들은 망원경의 구경을 뜻할 것입니다.

"앞의 60mm란 것이 바로 망원경의 구경이란다. 즉, 그 망원경의 대물렌즈가 60mm란 뜻이야. 그리고 뒤의 600mm는 초점길이를 뜻하지."

호성이가 잘 모르겠다는 표정으로 쳐다보자 아버지는 보충 설명을 해주셨습니다.

"돋보기로 햇빛을 모아본 적 있지?"

"네."

"돋보기로 햇빛을 모으면 햇빛이 한 점에 모이는 것을 볼 수 있을 거다. 여기서 종이에 맺힌 빛의 점을 초점이라 부르고 돋보기에서 종이까지의 거리를 초점길이라 한단다."

"와아! 그럼 이 망원경은 렌즈에서 초점까지의 거리가 600mm나 되나 보네요? 생각보다 무척 긴데요?"

"하하 작은 돋보기랑 비교하니까 그렇지 망원경은 모두 그 정도는 된단다."

아버지는 껄껄 웃으셨습니다.

잠시 망원경에 적힌 글씨들을 면밀히 살펴보던 호성은 아직도 의문이 풀리지 않았는지 고개를 갸우뚱거렸습니다.

"그래도 배율이 필요할 것 같은데요? 배율이 바뀔 수 있다고 하더라도 별을 볼 때 바로 그 순간에는 몇 배로 보고 있다는 것을 알아야 하지 않을까요?"

"그렇단다. 하지만 배율은 간단히 셈을 해서 구할 수가 있단다."

아저씨는 망원경의 구경과 배율에 대하여 자세한 이야기를 해주셨습니다.

구경비와 배율

천체망원경에서 가장 중요한 수치는 바로 구경입니다. 구경이 그 천체망원경의 크기를 뜻하니까요.

그럼 초점길이란 무엇일까요? 초점길이란 렌즈에서 초점이 맺히는 면까지의 길이를 뜻합니다.

자, 그럼 지금부터 천체망원경에서 알아야 할 필수적인 수치인 구경비에 대해 알아봅시다. 구경비란 초점길이를 주경의 직경, 즉 구경으로 나눈 값을 뜻합니다. 즉, 구경에다 구경비를 곱하면 초점길이가 됩니다.

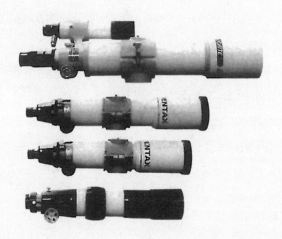

구경비가 다른 여러 망원경들. 구경이 같아도 구경비가 다르면 망원경 경통의 길이가 달라집니다. 긴 것이 구경비가 큰 망원경입니다.

초점길이 = 구경×구경비

예를 들어 구경 60mm인 망원경의 구경비가 10이라면(보통 F/10으로 표시합니다) 초점길이는 600mm가 됩니다. 마찬가지로 구경 60mm에 초점길이가 600mm라면 구경비는 10입니다.

구경비가 크다는 의미는 초점길이가 길다는 뜻이 되고 구경비가 작다면 초점길이가 짧다는 의미입니다.

한편 배율은 아이피스에 따라 달라집니다. 배율은 다음과 같은 식으로 구할 수 있습니다.

$$배율 = \frac{주경의\ 초점길이}{아이피스의\ 초점길이}$$

예를 들어 주경의 초점길이가 600mm인 망원경에 초점길이 20mm인 아이피스를 끼워 관측을 한다면 이때의 배율은 600을 20으로 나눈 값, 즉 30배가 됩니다. 만일 10mm 아이피스를 끼운다면 배율은 600을 10으로 나눈 값, 즉 60배가 됩니다.

이 계산에서 알 수 있듯이 아이피스의 초점길이가 짧을수록 동일 망원경에서 고배율이 됩니다.

수식이 있어 계산하기에 다소 까다롭고 기억하기도 어려울 것입니다. 하지만 천체망원경으로 별을 볼 때 필요한 가장 기본적인 수식이므로 위의 두 식만은 반드시 기억해야 합니다.

호성이는 그제서야 배율에 대해 알 수 있었습니다.

"헤헤, 이제 알겠어요. 만일 망원경 사러 가서 '이 망원경 몇 배짜리예요?'라고 묻는다면 무식함을 그대로 드러내는 것이네요?"

호성이는 그제서야 자신이 아무것도 모르고 망원경을 사러 갔다면 얼마나 창피를 당했을까 하는 생각이 들었습니다. 망원경에서 주경의 크기가 뜻하는 바를 모르고 갔다면 컴퓨터 가게에 가서 '큰 것이 좋은 컴퓨터구나'라고 생각하는 것과 같을 것입니다.

"하하! 그렇단다. 망원경 가게에서는 이 망원경의 구경은 얼마나 되나요? 이렇게 물어야 망원경에 대해 잘 아는 사람이라고 할 수 있지. 자, 여기서 내가 문제를 하나 내마. 맞추어보렴."

"뭔데요? 혹시 맞추면 상품이라도 주시나요?"

"상품은 물론 있지. 수업료 면제다. 하하! 자, 그럼 지금부터 문제 나간다. 망원경의 구경이 100mm이고 구경비가 8인 망원경에 10mm 아이피스를 사용해 관측을 한다면 몇 배가 될까?"

잠시 손가락을 놀리며 계산을 하던 호성이는 확신에 차서 대답을 했습니다.

"구경이 100mm이고 구경비가 8이면 100에 8을 곱하면 800이니까 초점길이는 800mm이구요. 이때 배율은 800을 10으로 나누는 거니까 80배예요!"

"역시! 잘 이해하고 있구나!"

정성단 아저씨는 호성이를 칭찬해 주셨습니다.

✨ 망원경은 구경이 좌우한답니다 ✨

"하지만 이상한 것이 있어요. 별을 볼 때도 배율을 더 높이면 아무래도 잘 보이지 않을까요? 그러니까 배율을 바꿀 수 있다고 하더라도 실제 관측에서는 배율을 가급적 높여서 보게 될 것 같은데요?"

"아하! 그건 당연한 의문이란다. 그냥 단순히 생각하면 배율이 높을수록 더 크게 보일 테니까 당연히 더 좋을 것처럼 생각되게 마련이지. 하지만 실제로는 그렇지 않단다. 왜냐하면 하늘에 떠있는 대상들은 대부분이 너무나 어둡기 때문이야."

"어두운 것과 배율이 무슨 상관이에요?"

"작은 방을 밝히려면 작은 형광등 하나면 충분하지만 큰 교실을 밝히려면 형광등이 서너 개는 필요하잖아? 만일 큰 교실에도 형광등이 하나라면 매우 어두울 수밖에 없겠지? 같은 이유로 어떤 대상의 크기를 두 배 확대해버리면 그 밝기는 네 배나 어두워진단다."

"그럼 형광등을 더 켜듯이 밝기가 밝아질… 아! 하늘의 대상들은 밝기가 일정하네요. 형광등처럼 더 켤 수가 없어요!"

호성이는 아저씨의 말이 이해가 되었습니다.

천체망원경으로 볼 때 배율이 높아질수록 대상은 더 어둡게 보입니다. 그런데 하늘에 떠 있는 흐릿한 천체들은 너무나 어두워서 조금만 더 어두워지면 보이지를 않는답니다. 즉 배율이 높다고 잘 보이는 것은 아니랍니다.

"잘 이해하는구나. 그럼 대상을 더 밝게 볼 수 있는 방법에는 무엇이 있을까?"

"음… 글쎄요? 반대로 배율을 낮추면…."

아저씨는 고개를 끄덕이셨습니다.

"그래, 그래서 어두운 대상을 볼 때는 가급적 저배율로 관측하게 된단다. 배율이 낮을수록 대상은 더 밝아지지. 그것 말고 다른 방법으로는?"

호성이는 열심히 머리를 굴렸습니다.

"아! 더 큰 망원경으로 보는 방법이 있을 것 같아요!"

"잘 맞추었다. 큰 망원경이란 구경이 큰 망원경을 의미하고, 구경이 크다는 사실은 빛을 그만큼 더 많이 받아들인다는 뜻이 되니까… 즉 형광등이 더 많아진 것과 같은 이야기가 되는 거지."

"그렇네요!"

"이 사실만으로도 우리는 망원경에서 구경이 얼마나 중요한지 알

수 있단다. 망원경이 빛을 받아들이는 능력을 우리는 집광력이라고
한단다. 즉, 집광력이 큰 망원경일수록 더 어두운 별까지 볼 수 있고
달리 말하면 구경이 큰 망원경일수록 더 어두운 별까지 볼 수 있다
는 이야기가 된단다."

집광력

집광력은 망원경이 얼마나 많은 빛을 모을 수 있는가 하는 것을 수치로
나타낸 것입니다. 당연히 구경이 클수록 더 많은 빛을 모을 수 있습니다.

원의 면적은 반지름의 제곱에 비례하므로 집광력 또한 구경의 제곱에 비
례합니다. 그러므로 구경 200mm 망원경은 100mm 망원경에 비해 4배나
더 많은 빛을 받아들일 수 있습니다.

사람의 눈동자 중앙에 위치한 동공의 크기는 주위의 밝기에 따라 달라집
니다. 나이에 따라 다소 차이가 있기는 하지만 젊은 사람의 경우 주위가 완전
히 어두워졌을 때 동공의 크기가 가장 커져서 그 지름이 약 7mm나 됩니다.

천체망원경의 집광력은 눈동자의 크기를 7mm로 간주하고 이때 들어오
는 빛의 양을 1로 보았을 때 망원경이 받아들이는 빛의 양을 나타낸 것입니
다. 구경과 집광력 사이의 관계를 나타내면 다음의 표와 같습니다. 여기에
서 보듯이 불과 100mm의 작은 망원경일지라도 사람의 눈보다 약 200배나
더 많은 빛을 받아들입니다.

● **구경과 집광력**

구경(mm)	50	60	80	100	150	200	250
집광력(배)	51	73	130	204	460	820	1280

극한등급

사람의 눈은 어둡고 맑은 하늘 아래에서는 약 6등급 정도에 해당하는 별까지 볼 수 있습니다. 즉, 사람의 눈에 해당하는 극한등급은 6.0이 됩니다. 미국이나 호주의 매우 이상적인 장소에서는 6.5등급의 별도 맨눈으로 볼 수 있다고 합니다.

마찬가지로 천체망원경에서도 볼 수 있는 가장 어두운 별의 등급을 생각해볼 수 있습니다. 이를 천체망원경의 극한등급이라고 합니다. 당연히 이 극한등급은 망원경의 구경에 따라 달라집니다. 구경이 클수록, 즉 큰 망원경일수록 더 어두운 별까지 보이는 것이지요. 이것을 표로 나타내면 다음과 같습니다.

● 구경과 극한등급

구경(mm)	50	60	80	100	150	200	250
극한등급	10.3	10.7	11.3	11.8	12.7	13.3	13.8

이 극한등급은 망원경이 시골 같은 어두운 장소에 있을 때의 값입니다. 즉 100mm의 망원경을 시골에서 보았을 때 11.8등급의 별까지 볼 수 있다는 이야기가 됩니다. 만일 주변에 불빛이 많거나 공해가 많은 하늘이라면 당연히 이만큼 어두운 별을 볼 수 없을 것입니다. 또 하나 유의할 것은 이 표는 사람의 눈이 볼 수 있는 극한등급을 6.0등급으로 보고 계산한 값입니다.

그러므로 실제에 그대로 적용되는 것은 아닙니다.

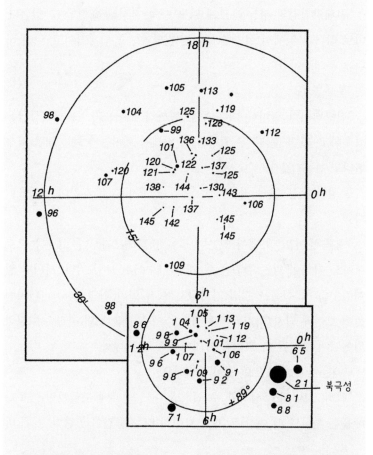

극한등급 테스트용 별 등급. 북극성 주변 하늘의 북극에 있는 별들의 등급을 나타낸 것으로 망원경의 극한등급을 테스트할 수 있습니다. 그림에서 121은 12.1등급을 뜻합니다. 큰 그림은 아래쪽의 중앙 부분만 확대된 것입니다.

  호성이의 앞에 놓인 망원경은 60mm 망원경이므로 10.7등급까지의 별이 보일 것입니다.
  "그럼 망원경의 구경이 크다면 또 어떤 장점이 있나요?"
  호성이의 호기심은 끝이 없습니다.

"천체망원경의 성능을 크게 나누면 두 가지로 표현할 수 있단다. 바로 하나가 앞에서 설명한 모이는 빛의 양, 즉 집광력이고, 다른 하나는 분해능이란다."

"분해능요?"

"집광력이란 얼마나 더 어두운 별까지 보이는가, 즉 극한등급을 좌우하고, 반면 분해능은 얼마나 더 자세히 보이는가 하는 점을 좌우한다고 볼 수 있지."

호성이는 분해능이라는 새로운 말을 듣자 다소 혼란이 일었습니다.

"예를 들어 멀리 뻗어 있는 철길을 생각해보자꾸나. 그냥 눈으로 보아도 가까이 있는 철길은 두 개로 나누어져 보일 거다. 하지만 멀어질수록 두 철길은 점점 가까워져서 저 멀리 가면 결국 하나처럼 붙어 보이게 되지. 하지만 망원경으로 이 부분을 보면 철길은 여전히 떨어져서 보이겠지? 그만큼 확대되어 보일 테니까."

"배율이 높아서 그런 것이 아닐까요?"

"하하, 그렇게도 생각할 수 있지만 어느 한계에 도달하면 아무리 배율을 높여도 더 이상 두 개로 보이지 않는 순간이 있단다. 그게 바

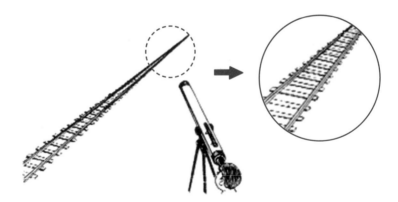

➔ 분해능. 망원경은 멀리 있는 두 개의 철길을 나누어 볼 수 있습니다.

로 그 망원경의 분해능이 한계에 이르렀기 때문이란다."

"무슨 말씀인지 조금 어려워요."

"천체망원경에서는 매우 가까이 붙은 두 별을 가지고 그것을 두 별로 분해해서 볼 수 있는가 없는가 하는 것으로 분해능을 따지지. 그래서 분해능은 그 두 별 간의 거리로 나타내어진단다."

"두 별 간의 거리요? 실제 우주 공간에서의 거리를 이야기하나요?"

"그건 아니야. 우리가 보았을 때 나타나는 겉보기 거리지. 그 거리는 각도로 나타낸단다. 하늘 이쪽 지평선에서 반대쪽 지평선까지는 180도이고, 이것을 잘 나누어 보면 달의 겉보기 크기는 0.5도, 즉 30분이지. 분해능 검사에 쓰이는 별들은 이보다 훨씬 가까운 거리인 초 단위(arcsecond)로 붙어 있는 별들이란다."

"초 단위요? 그게 뭐예요?"

겉보기 크기는 우리의 눈에 보이는 물체의 크기를 뜻합니다. 대상의 실제 크기는 아니지요. 태양과 달의 실제 크기는 태양이 훨씬 크지만 태양이 더 멀리 떨어져 있기 때문에 우리 눈에 보이는 크기는 태양과 달이 비슷하게 보인답니다. 즉, 이 두 대상은 그 시직경, 또는 각크기가 같다고 할 수 있습니다.

아저씨는 잠시 어떻게 설명할까 고민을 하시더니 말씀을 이으셨습니다.

"달이 보이는 크기, 즉 달의 시직경을 우리는 0.5도라고 한다. 0.5도는 30분이지. 왜냐하면 1도가 60분이니까. 또 1분은 60초이기 때문에 달의 크기는 30 곱하기 60, 즉 1800초란다. 즉 1초(각)로 떨어져 있다는 이야기는 달 직경의 1/1800의 거리만큼 떨어져 있다는 이야기가 되지. 엄밀히 말하면 초각(arcsecond)이지만 대개 초라고 이야기한단다."

"아! 그러면 1초각이란 정말 작은 크기네요?"

"그렇지. 각도기의 작은 눈금, 즉 1도를 다시 3600개로 쪼갠 값이니깐."

분해능

분해능은 망원경에서 보이는 별의 상이 얼마나 예리한가 하는 것을 나타내는 수치입니다. 이것은 근접해 있는 같은 밝기의 두 별을 두 개로 분리해 볼 수 있을 때 두 별 사이의 최소의 간격으로 나타내어집니다.

모든 별은 무한히 멀리 떨어져 있으므로 크기가 없는 점상으로 생각할 수 있습니다. 그러나 실제 망원경에서는 빛의 회절에 의해 약간의 크기가 있는 점상으로 보입니다.

매우 근접해 있는 두 별을 보면 별의 상이 서로 붙어 있어 두 개의 별로 구분할 수 없게 됩니다. 두 별로 분리할 수 있는 최소의 거리가 바로 망원경의 분해능입니다. 망원경의 구경이 커질수록 더 가까이 붙어 있는 별들을 분해할 수 있습니다.

망원경의 분해능은 도즈의 경험식으로 구해집니다. 이 값은 6등급의 밝기가 동일한 두 별을 분리할 때 적용되는 값입니다.

● 구경과 분해능

구경(mm)	50	60	80	100	150	200	250
집광력(배)	2.32	1.93	1.45	1.16	0.77	0.58	0.46

　재미있는 망원경 이야기에 호성이는 시간 가는 줄을 몰랐습니다. 호성이는 자신이 정말 중요한 내용을 배웠다는 사실에 내심 뿌듯함을 느꼈습니다. 바로 망원경에서는 구경이 제일 중요하고, 그 구경이 망원경의 성능을 결정한다는 사실 말입니다.

　아저씨께서는 호성이에게 몇 가지 내용을 더 알려주셨습니다.

　"자! 여기서 좀 더 생각을 해보자. 분해능을 이야기할 때 배율을 아무리 높여도 더 자세히 볼 수 없는 한계가 있다고 이야기했지?

　"그것이 뜻하는 바가 무엇일까?"

　호성이는 잠시 생각에 잠겼습니다.

　"그 이야기는 고배율에도 한계가 있다는 이야기 아닐까요?"

　"잘 아는구나. 천체망원경에서 아이피스를 바꾸기만 하면 이론상으로는 무한히 높은 배율을 얻을 수 있단다. 하지만 어느 정도를 넘

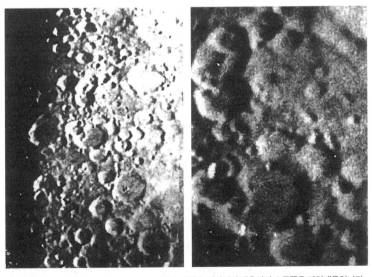

➡ 배율이 지나치게 높아지면 오히려 흐려집니다. 왼쪽은 정상적인 배율이며 오른쪽은 과잉배율입니다.

어서면 오히려 상이 흐려져 보이기 때문에 배율의 한계가 생기는 거란다. 이것을 유효 최고배율이라 한단다."

유효 최고배율

천체망원경에서 배율은 망원경의 초점길이와 아이피스의 초점길이 비로 결정됩니다. 즉, 아이피스의 초점길이가 매우 짧아진다면 배율도 무한히 높아질 것입니다.

하지만 천체망원경에는 망원경의 구경에 따라 물체를 세밀히 볼 수 있는 능력, 즉 분해능이 정해져 있기 때문에 일정 수준보다 배율이 높아지면 잘 보이기는커녕 오히려 상이 흐려져 버립니다. 이것을 그 망원경의 유효 최고배율이라 합니다.

다시 말하면 유효 최고배율 이하에서는 배율이 증가할수록 더 세밀히 대상을 볼 수 있습니다. 이 유효 최고배율은 망원경의 구경 값과 동일합니다. 즉 100mm 망원경이라면 100배가 바로 유효 최고배율입니다.

그러나 여기에서 생각해볼 사항이 있습니다. 사람의 눈은 대체적으로 크게 보일수록 더 세밀히 보이는 것처럼 인지하는 경우가 많기 때문에 어느 정도까지는 유효 최고배율을 넘어서 고배율이 되더라도 더 잘 보이는 것처럼 느낍니다. 그 한계를 망원경의 한계배율이라 합니다. 이 한계배율은 망원경 구경 값의 두 배 정도가 된다고 보면 됩니다.

한계배율보다 배율이 더 높아지면 어떻게 될까요? 대개의 경우 오히려 상이 흐려졌다고 느끼기 시작합니다. 또 배율이 높아질수록 대기의 요동 같은 주변 영향을 많이 받기 때문에 특별한 경우를 제외하고는 이 한계배율을 넘어서 관측하지 않습니다.

● 구경과 유효 최고배율

구경(mm)	50	60	80	100	150	200	250
유효 최고배율(배)	50	60	80	100	150	200	250
한계배율(배)	100	120	160	200	300	400	500

무조건 높은 배율이 좋은 것이 아니라는 말을 호성이는 이해할 수 있었습니다. 문득 호성이의 머리를 번개처럼 스치는 생각이 있었습니다.

"아! 그렇다면 혹시 저배율에서도 그 한계가 있지 않을까요?"

"하하! 머리 회전이 대단하구나. 거기까지 생각이 미치다니!"

아저씨의 감탄에 옆에 있던 아버지는 흡족한 웃음을 지으셨습니다.

"망원경으로 어떤 대상을 관측하게 되면 눈이 위치하게 되는 아이피스 쪽에는 빛의 다발이 존재하는데, 이것을 사출동공이라 한단다. 사출동공이란 개념은 좀 어려울 테니 굳이 이해할 필요는 없겠지만 저배율이 될수록 이 빛의 다발이 커져서 결국에는 눈동자로 다 담을 수 없는 상태에 이른단다. 즉, 그 이하의 저배율이 되면 오히려 빛의 손실이 발생하는 거지. 바로 이때를 망원경의 최저배율이라 한단다."

 시야 넓히기

최저배율

대개의 경우 배율이 낮아질수록 보이는 대상의 밝기는 증가합니다. 그러므로 어두운 대상을 보기 위해서는 가능한 한 저배율로 관측을 하게 되는 것이랍니다.

망원경의 아이피스에 모이는 빛의 다발을 사출동공이라 합니다. 이 사출동공은 고배율에서는 작아지고 저배율에서는 커집니다. 만일 이 사출동공의 지름이 눈동자의 최대 직경인 7mm보다 더 커진다면 7mm를 제외한 나머지 빛은 우리의 눈이 받아들이지 못하게 됩니다.

즉, 사출동공이 7mm가 되는 배율을 최저배율이라 하고 이보다 더 낮은 배율은 사실상 불필요하게 됩니다. 이 최저배율을 표로 나타내면 다음과 같습니다.

● **구경과 유효 최저배율**

구경(mm)	50	60	80	100	150	200	250
최저배율(배)	7	9	11	14	21	29	36

천체관측에 가장 많이 사용되는 쌍안경으로 7×50 쌍안경이 있습니다. 위의 표를 살펴보면 구경 50mm에서 최저배율이 7배란 사실을 알 수 있습니다. 여기서 우리는 왜 7×50 쌍안경이 천체관측에서 많이 쓰이며 6×50 쌍안경은 있을 수 없다는 점을 깨달을 수 있습니다. 마찬가지로 11×80 쌍안경도 80mm의 최저배율입니다. 10×80은 없답니다. 빛의 손실이 발생하기 때문이지요.

✨ 망원경에 대해 더 자세히 알고 싶어요 ✨

호성이는 지금까지 배운 내용들을 다시 한번 되새겨보았습니다. 천체망원경의 크기에서 시작하여 극한등급, 분해능, 그리고 배율에 이르기까지 다양한 내용을 들었기 때문이랍니다. 게다가 망원경은 한 종류만 있는 줄 알았는데 그것도 아니었습니다.

　말을 마치신 정성단 선생님은 자리에서 일어나셨습니다.

　"자! 이제 정말로 망원경을 보러 가자꾸나."

　"네? 이게 망원경이잖아요!"

　아저씨는 웃음을 터뜨리셨습니다.

　"하하! 그 망원경은 나의 가이드 망원경이란다. 달리 말하면 보조 망원경이지. 나의 주망원경은 아니란다. 내 주망원경은 2층에 있어."

　호성이는 아버지와 함께 아저씨를 따라 2층으로 올라갔습니다.

　2층에는 방이 하나 있었습니다. 그 방에 꽂혀 있는 책들을 보며 호성이는 탄성을 터뜨렸습니다.

　"와아! 전부 천문학 관련 책이네요? 아! 이건 천문대의 천체 사진집이잖아요?"

　호성이는 책들을 보며 너무나 기뻤습니다. 멋진 천체 화보집 하나 구하려고 고생했던 기억이 났습니다. 아저씨는 이 많은 책들을 어떻게 모으셨을까요?

　"나중에 시간 날 때 종종 책 보러 놀러 오렴. 외국 서적들이 많긴 하지만 쉽게 읽을 수 있는 것들도 많단다."

　"네!"

　호성이는 신이 나서 대답을 했습니다.

　2층 방 바로 바깥쪽으로 베란다가 있고, 베란다 밖은 1층의 옥상이었습니다. 호성이는 아저씨 뒤를 따라 슬리퍼를 신고 옥상으로 나갔습니다.

　서늘한 바람이 얼굴에 와닿았습니다. 아직은 다소 차가운 바람입니다. 그러나 별을 본다는 기쁨에 호성이의 얼굴은 상기되어 있었습니다.

　"이게 바로 아저씨의 망원경이란다. 비나 이슬을 피하기 위해 망원경을 비닐에 싸두고 있지."

아저씨는 한쪽에 서 있는 비닐 뭉치를 가리키며 말씀하셨습니다.

비닐을 벗겨내자 천체망원경이 그 모습을 내밀었습니다.

"자! 이 망원경은 무슨 망원경이지?"

아저씨가 묻자 호성이는 자신 있게 대답했습니다.

"굴절망원경요!"

"그래 맞추었다. 그럼 이 망원경의 크기는?"

호성이는 망원경의 한쪽에 적힌 표시를 읽어보았습니다.

"102mm 플로라이트… f=820mm… 아! 구경이 102mm인 망원경인가 보네요?"

아저씨의 천체망원경은 102mm f/8 굴절망원경이었습니다.

호성이는 망원경의 이곳저곳을 꼼꼼히 살펴보았습니다. 망원경의 여기저기에 칠이 벗겨져 있는 것으로 보아 꽤 오랫동안 사용해왔다는 사실을 알 수 있었습니다. 또 아저씨가 이 망원경을 얼마나 아끼시는지도 느낄 수 있었습니다.

 **시야 넓히기**

굴절망원경 더 잘 알기

아마추어 천체관측가들이 흔히 쓰는 굴절망원경은 60mm에서 150mm까지의 구경을 가지고 있습니다.

굴절망원경의 가장 큰 특징은 색수차와 관련되어 있습니다. 색수차를 없애는 가장 기본적인 방법은 굴절률이 서로 다른 두 개의 렌즈를 조합해 주경을 만드는 방법입니다. 두 개의 렌즈를 사용한 가장 기본적인 형태를 아크로매트 렌즈라고 부릅니다. 또 좀 더 발전한 형태로 아포크로매트 방식이 있습니다. 또 그 중간 형태로 세미아크로매트 렌즈도 있답니다.

굴절망원경의 구경비는 F/10에서 F/15 사이의 것이 많습니다. 이는 반사망원경에 비하면 상대적으로 큰 것이라 할 수 있습니다. 굴절망원경의 구경비가 큰 이유는 색수차의 영향을 조금이라도 줄이려는 목적입니다. 한편 구경비가 크다는 것은 초점길이가 크다는 것을 의미하고 이는 같은 아이피스를 사용할 때 더 높은 배율로 보임을 의미합니다.

굴절망원경은 해상력과 콘트라스트(대비)가 뛰어나 행성 표면 관측에서 우수한 성능을 발휘합니다. 또 경통의 양쪽이 막혀 있어 안정된 상을 만듭니다.

오래전에는 굴절망원경이 구조가 간단해 손질할 필요가 거의 없고, 보는 방향이 천체의 방향을 향하므로 초보자들도 사용하기 어렵지 않았으며, 가격 또한 그리 부담이 되지 않아 초보자용으로 많이 사용되었습니다. 하지만 오늘날에는 그 값이 매우 비싸져 초보자들로서는 구경이 큰 것을 구입하기 어려운 망원경이기도 합니다.

천정 프리즘. 그림에서 세 번째 위치한 것이 천정 프리즘입니다. 그 왼쪽은 아이피스이고, 맨 오른쪽은 아이피스 어댑터입니다.

굴절망원경 렌즈 구성 방식. 크라운 유리(빗금 쳐진 렌즈)와 프린트 유리 두 장의 조합으로 이루어진 것이 바로 아크로매트 렌즈입니다. 세 장으로 이루어진 것은 세미아포크로매트 렌즈라 합니다. 물론 두 장이라 하여 반드시 아크로매트 렌즈는 아닙니다. 아포크로매트도 두 장으로 이루어져 있습니다.

굴절망원경을 사용해보면 밤이슬 문제가 앞을 가로막습니다. 관측을 시작하고 1시간쯤 지나면 어느새 렌즈에 이슬이 맺혀 별이 뿌옇게 보입니다. 굴절망원경에는 이를 피하기 위해 렌즈를 감싸주는 후드가 앞으로 튀어나와 있습니다. 이 후드는 주변의 잡광이 주경 내로 들어오는 것을 방지하는 역할도 합니다. 그러나 후드만으로 이를 완전히 제거할 수는 없습니다.

굴절망원경은 눈으로 들여다보는 부분이 망원경의 맨 뒤쪽에 위치하기 때문에 불편할 경우가 많습니다. 특히 하늘 꼭대기, 천정 부근을 관측할 경우에는 그 불편이란 이루 말하기 어려울 정도입니다. 이를 보완하기 위해 대부분의 굴절망원경에는 천정 프리즘이 접안부에 붙어 있습니다. 이 경우 편리하기는 하지만 상이 거울을 볼 때처럼 뒤집혀 보이게 됩니다.

오늘날에는 렌즈에 고급 소재를 사용한 단초점 굴절망원경도 만들어지고 있습니다. 이는 단초점임에도 불구하고 기존의 굴절망원경에 비해 색수차가 대폭 줄어들었습니다. 또 그렇기 때문에 단초점으로 제작하는 것도 가능하게 되어, 굴절망원경 본래의 장점인 넓은 시야와 밝은 상 및 높은 콘트라스트를 살릴 수 있게 되었습니다.

"그럼 이 망원경은 굴절망원경 중 어떤 형식인가요?"

호성이는 정성단 선생님의 망원경을 가리켰습니다.

"그건 플로라이트라는 특수 소재 렌즈로 만들어진 망원경이란다. 아래층에서 본 작은 가이드 망원경은 가장 기본적인 렌즈 설계 방식을 가지고 있는 망원경이고. 즉, 아크로매트 형식이지. 이 굴절망원경들을 잘 살펴보면 렌즈 두 개가 하나로 붙어 있단다. 이런 모양을 1군 2매 방식이라 하지. 두 장의 렌즈가 한 군데에 모여 만들어졌다는 뜻이란다."

다소 어려운 이야기였지만 호성이는 고개를 끄덕였습니다.

"굴절망원경에 그렇게 많은 이야기가 숨어 있다면 반사망원경에도 마찬가지겠네요?"

"하하! 오늘 호성이가 망원경 박사가 되고 싶은가 보구나."

아버지께서 웃음을 터뜨리셨습니다.

반사망원경 더 잘 알기

반사망원경은 경통의 한쪽 부분이 개방되어 있습니다. 반면 굴절망원경은 경통의 양 끝이 렌즈로 막혀 있습니다. 반사망원경은 경통 내부가 개방되어 있기 때문에 통내 기류가 발생해 상의 안정도가 떨어지는 단점이 있습니다. 또 반사경은 빛이 들어오는 앞쪽의 일부분을 사경이 가리고 있으므로 집광력에 있어서도 굴절망원경에 비해 다소 손해를 보게 됩니다. 또 이것은 콘트라스트의 저하를 가져옵니다. 그러나 굴절망원경의 최대 단점인 색수차를 완벽히 없앨 수 있다는 큰 장점이 있습니다.

반사망원경의 반사경은 온도에 따라 변화가 거의 없는 내열 유리 또는 파이렉스 유리의 표면을 포물면 형상으로 만들어 그 위에 코팅을 한 것입니

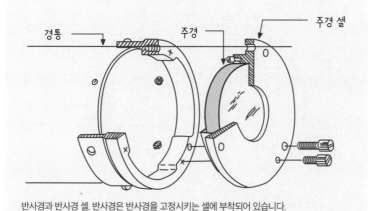

반사경과 반사경 셀. 반사경은 반사경을 고정시키는 셀에 부착되어 있습니다.

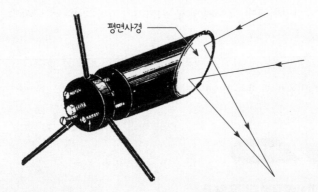

평면사경

반사망원경의 사경 지지대. 사경은 세 개 또는 네 개의 지지대를 이용하여 경통에 고정됩니다.

다. 반사경의 표면은 매우 정밀하게 가공돼 있습니다.

반사망원경의 또 다른 특징은 값이 싸다는 것입니다. 동일 구경의 굴절 망원경에 비해 비교가 안 될 만큼 쌉니다. 또 굴절망원경에 비해 구경비가 작은 망원경을 만들기에 유리합니다. 그러므로 대체로 상이 밝고, 넓은 시야를 가지게 되며, 이동하기에도 간편합니다. 또 다른 형식의 망원경에 비해 예리한 중심상을 얻을 수 있습니다.

반사경을 고정시키는 반사경 셀의 뒤편에는 세 개의 조정 나사가 붙어 있는데, 이를 이용하여 망원경의 광축을 맞추게 되어 있습니다. 사경 부

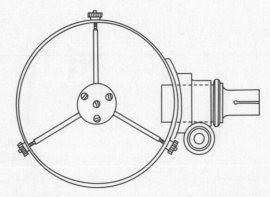

반사망원경을 앞에서 본 모습. 중앙 부분이 바로 사경을 고정하는 사경 지지대입니다.

분에도 사경 지지대에 조정 나사가 붙어 있습니다. 이처럼 나사가 많은 것이 반사망원경이 굴절망원경에 비해 자주 정비를 해주어야 하는 이유가 됩니다.

반사경의 알루미늄 코팅은 시간이 흐르면 점점 반사 상태가 나빠지게 됩니다. 이때는 다시 한 번 코팅을 해주어야 합니다. 최근에는 코팅의 산화를 방지하는 보호 코팅이 반사경 면에 처리되어 있는 경우도 많아 그 수명이 길어져 반영구적입니다.

근래의 추세로는 반사망원경의 F 수는 F/6이하로 작아지고 있습니다. 성운·성단·은하의 관측에 유리한 밝은 상을 얻을 수 있다는 것이 그 이유입니다.

이처럼 구경비가 작은 망원경은 장점도 있지만, 상대적으로 수차에 민감하고 또 뉴턴식 반사망원경의 최대 단점이라 할 수 있는 코마 수차를 피할 수 없어 시야 주변의 상이 흐려집니다. 오늘날 반사망원경은 초보자 용인 100mm 반사망원경에서 시작해 범용적으로 사용 가능한 150mm 반사망원경, 나아가 성운·성단용의 200~300mm 망원경에 이르기까지 아마추어들에게 다양하게 이용되고 있습니다.

사경이 대상을 가리지 않을까요?

반사망원경을 볼 때 누구나 궁금해하는 것이 있습니다. 별빛이 들어오는 입구 한중간에 사경이 떡하니 가로막고 있기 때문입니다. 바로 그 때문에 망원경을 들여다보면서 왜 사경이 안 보이는지 궁금해합니다. 분명히 시야 한중간에 사경이 가로막고 있어야 하는데 말이지요.

만일 시야 중간에 사경이 가로막혀 보인다면 그런 망원경은 쓸모가 없겠지요? 즉, 절대로 그런 일은 일어나지 않습니다. 그렇다면 사경은 어디로 숨어버린 것일까요?

망원경에서 우리에게 보이는 물체는 매우 멀리 있는 것입니다. 물체의 빛들이 망원경을 통과해 들어올 때 망원경 입구 전체에서 들어옵니다. 즉, 사경이 가리고 있는 부분으로는 당연히 빛이 들어오지 못하지만 그 옆으로 들어올 수 있습니다. 일부분이 가려져도 전혀 관계가 없다는 이야기이지요.

잘 이해가 안 된다고요? 그럼 망원경으로 어떤 대상을 보면서 그 입구를 공책으로 반쯤 가려봅시다. 이때는 어떻게 보일까요? 대상이 반으로 잘려서 반만 보일까요? 그렇지는 않습니다. 여전히 전체가 다 보입니다. 대신 대상의 밝기는 어두워지지요.

해당 목표물에서 오는 빛은 반사경의 전체 면으로 모두 들어오기 때문에 사경이 물체를 가리는 일은 일어날 수 없습니다. 저 멀리 보이는 별은 우리 집에서도 보이고 옆집에서도 보입니다. 즉, 우리 집에도 별빛이 도달하고 옆집에도 마찬가지로 별빛이 도달합니다. 우리 집에 들어오는 별빛을 가린다고 해서 옆집에서도 그 별을 볼 수 없는 것은 아닐 것입니다.

반사망원경에서도 동일합니다. 빛의 일부는 사경에 의해 가려지지만 그 빛의 다른 일부는 사경 옆으로 들어와서 반사경에 의해 모여지기 때문입니다.

만일 반사망원경으로 달을 볼 때 사경 때문에 달에 구멍이 뚫려 보인다면 우리는 달을 보기 위해서 달만큼이나 큰 망원경이 필요할 것입니다. 달에서 오는 모든 빛을 다 받아들여 달의 전체를 보기 위해서는 말입니다. 그러나 실제로는 작은 망원경으로도 달의 전체 모습을 볼 수 있지요. 즉, 사경 때문에 달에 구멍이 뚫리는 일은 없답니다.

✨ 슈미트 카세그레인 망원경은요? ✨

"그럼 대표적인 망원경으로는 굴절망원경과 반사망원경밖에 없나요?"

➡ 슈미트 카세그레인 망원경

아저씨는 고개를 저으셨습니다.

"아마추어 천문가들에게 대표적으로 널리 쓰이는 종류는 세 가지란다. 굴절망원경, 반사망원경, 그리고 슈미트 카세그레인 망원경이지."

"슈미트 카세그레인이요? 그건 어떤 거예요?"

아저씨는 흰 백지에 그림을 그려가며 설명을 하셨습니다.

"슈미트 카세그레인은 굴절망원경과 반사망원경을 복합해서 만든 것이란다. 망원경 경통 맨 앞에 수차를 보정하기 위한 보정판이 있는데 이 보정판은 빛을 투과시킨단다. 그리고 뒤쪽은 반사망원경과 마찬가지로 반사경이 위치해 있지. 이 망원경은 보는 곳이 경통 뒤쪽으로 나 있단다."

슈미트 카세그레인의 모습은 매우 특이했습니다. 앞으로 빛이 들어가서 뒤쪽 반사경에서 반사가 일어난 후 앞쪽에 있는 작은 거울에서 다시 빛이 반사하여 경통 뒤쪽으로 빛이 나가는 형상이었습니다.

"뒤쪽요? 보는 방향이 굴절망원경과 같네요?"

"그렇지. 굴절망원경은 뒤쪽, 뉴턴식 반사망원경은 옆쪽, 슈미트 카세그레인은 뒤쪽이란다. 경통 길이를 비교해보면 굴절망원경이 제일 길고, 슈미트 카세그레인이 가장 짧지."

"전 처음엔 모든 망원경이 뒤로만 보는 줄 알았어요!"

호성이는 얼마 전까지만 해도 이 세상에는 오직 굴절망원경만 있다고 생각했던 사실이 생각났습니다.

"하하! 대부분의 초심자들이 모두 그렇게 생각한단다."

 시야 넓히기

슈미트 카세그레인 망원경

이미 오래전부터 있어 왔던 굴절망원경이나 반사망원경에 비해 슈미트 망원경은 비교적 최근에 생겨났습니다. 이 망원경이 태어난 이유는 굴절망원경의 단점과 반사망원경의 단점을 해소해 장점만을 융합해보자는 것이었습니다.

굴절망원경은 가격이 비싼 데다가 광학적으로는 색수차가 존재하여 문제점이 많았습니다. 또 여기에다 대구경을 만들기가 매우 어렵다는 단점도 있습니다. 반사망원경은 색수차 문제점은 없으나 주변부에 필연적으로 코마 수차가 존재합니다. 또 경통의 한쪽 끝이 열려 있어서 상이 안정되지 못합니다.

반사망원의 한쪽 끝을 광학적 유리로 차폐시킨 것이 슈미트의 기본형입니다. 이 유리를 보정판이라 합니다. 이 슈미트 보정판은 약간의 굴곡을 갖고 있어 빛을 굴절시키기는 하지만 그 정도가 미약한 관계로 색수차를 거의 발생시키지 않습니다. 또 반사망원경의 반사면이 포물면경이어야 하는 것과는 달리 구면으로 만들고 이에 상당하는 오차는 보정판에서 흡수 가능하도록 함으로써 코마 수차 문제도 해결했습니다.

슈미트 망원경은 반사와 굴절을 혼합한 관계로 카타디옵트릭스(catadioprtics)라고도 합니다. 이 망원경에는 그동안 다양한 변형 형태가 고안됐습니다. 그 대표적 형식이 바로 슈미트 카메라, 슈미트 카세그레인, 막수토프 등입니다.

✫ 경위대식은 무엇인가요? ✫

망원경에 대해 알게 된 호성이는 망원경의 아래쪽을 가리키며 물었습니다.

"여기 있는 굴절망원경과, 슈미트 카세그레인 형식의 망원경 사진을 비교해보면 망원경 다리 쪽도 다르게 생겼어요. 그 차이는 없나요?"

아저씨께서는 고개를 끄덕이셨습니다.

"당연히 차이가 있지. 천체망원경에서 렌즈가 들어 있는 망원경의 위쪽 부분을 경통이라 하고 아래쪽 부분을 가대라고 한단다.

즉, 가대가 경통을 받치고 있는 형상이지. 망원경의 가대도 그 생김새 별로 여러 종류가 있단다. 경위대식, 적도의식이라는 것이 바로 그거야."

"들어본 적이 있어요. 저 같은 초보자에게 적합한 형상이 바로 경위대식이지요?"

호성이가 물었습니다. 아저씨는 관측을 준비하시며 말씀하셨습니다.

"그렇다고 할 수 있지만, 반드시 그런 것만은 아니란다. 예를 들면 혜성 탐색 같은 것을 하는 사람에게는 경위대식이 더 편리하단다. 또 관망파들이 많이 쓰는 돕소니안식도 경위대의 한 종류란다. 대개의 경우 작은 소형 초보용 망원경에 경위대식 가대가 붙어 있는 경우가 많아서 초보자용으로 인식되어 있지."

"그래도 경위대식이 대상을 찾기에 더 편리할 것 같아요."

"그건 아니야. 초보자일 때에는 경위대식이 편리하겠지만, 어떤 망원경이든지 익숙해진다면 다 마찬가지란다."

경위대식 망원경

천체망원경의 가대는 천체망원경의 경통을 지지하는 역할을 합니다. 가대는 크게 두 부분으로 나누어지는데, 가대 본체 부분과 다리 부분입니다. 천체망원경의 다리는 매우 튼튼해 흔들리지 않아야 제대로 별을 보여줄 수가 있습니다.

천체망원경의 가대 형식은 가대 본체의 형상에 따라 나누어집니다.

가장 기본적인 별의 위치는 고도와 방위각으로 나누어 생각할 수 있습니다. 즉, 별이 지평선에서 위쪽으로 얼마나 떨어져 있는가 하는 것이 고도이고, 또 좌우로 얼마나 떨어진 곳에 있는가 하는 것이 방위각입니다.

경위대식은 이 두 방향으로 움직일 수 있게 되어 있는 가대입니다. 경위대식 망원경으로 별을 겨눌 때는 좌우로 그 방향을 향한 다음 위쪽으로 일정한 각도만큼 올려주면 됩니다.

이 두 방향의 움직임으로 이 가대는 하늘의 모든 부분을 전부 향할 수 있

경위대식 망원경. 경위대식 망원경은 아래위와 좌
우 방향으로 움직일 수 있는 미동 나사가 붙어 있
습니다.

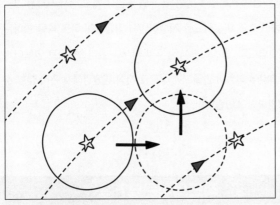

경위대식 가대와 별의 추적. 별은 원호를 그리며 흘러가지만 망원경은
수평과 수직으로만 움직여 따라가야 합니다.

돕소니안식 가대

습니다. 이러한 움직임은 초보자들이 이해하기에 적절합니다. 하지만 하늘의 별은 고정되어 있는 것이 아니라 움직이고 있으므로, 하늘의 별을 따라가려면 두 축을 함께 움직여 주어야 하는 단점이 있습니다. 그러므로 경위대식은 천체사진을 찍는 것이 불가능합니다. 그러나 경위대식은 조립이 간단하고 적도의식에 비해 상대적으로 가벼워 이동이 편리하다는 장점이 있습니다. 또 가격 면에 있어서도 매우 유리합니다.

한편, 6인치 이상의 중 대형 망원경에서 또 대부분이 구경비가 작은 F/4.5 정도의 망원경에서 그 주류가 되고 있는 돕소니안식 가대도 경위대식입니다. 성운·성단의 안시 관측에 가장 흔히 사용되는 망원경입니다.

이 형식에서 경통은 좌우에 달린 두 개의 둥근 축에 의해서 지지됩니다. 이 두 개의 둥근 축은 마찰력으로 지탱하면서 망원경이 어느 쪽을 향하든 일정하게 잡아줍니다. 돕소니안식은 주로 목재와 플라스틱으로 만들어져 가볍습니다. 아마추어들이 만들기 쉬우므로 자작 망원경에서 흔히 접할 수 있을 만큼 일반화되어 있습니다.

✨ 적도의식은요? ✨

경위대식 망원경 설명이 끝나자 적도의식으로 화제가 옮겨갔습니다. 정성단 아저씨 망원경도 적도의식입니다.

"적도의식에도 여러 종류가 있단다. 대표적으로는 독일식 적도의 망원경과 포크식 적도의 망원경이 있는데, 각각 그 쓰임새가 다르단다. 당장 적도의식을 사지 않겠다고 해도 주변에서 쉽게 접할 수 있는 만큼 기본적인 내용을 알아두는 게 좋을 게다. 아마 너희 학교에 있는 망원경도 적도의식 망원경일 거야."

독일식 적도의 망원경

　태양은 동에서 떠서 서로 집니다. 이러한 사실은 별들도 마찬가지입니다. 이 모든 것은 지구가 자전하기 때문입니다.

　망원경으로 별을 관측할 때 지구의 자전은 의외로 성가신 일을 발생시킵니다. 별이 고정되어 있지 않고 동에서 서로 움직이기 때문에 망원경의 시야 내에 있는 별들도 서쪽 방향으로 끊임없이 흘러갑니다.

　적도의식 망원경은 별이 흘러가는 방향으로 망원경이 움직일 수 있도록 하여 관측이 편리하게 이루어지도록 한 가대입니다. 즉, 북극성을 중심으로 원을 그리는 방향과 이에 수직 방향으로 움직일 수 있습니다. 경위대식으로 별을 추적하려면 양쪽 축을 번갈아 움직여야 하지만, 적도의식으로 별을 추적하려면 별이 움직이는 방향인 적경축 하나만 움직이면 됩니다. 만일 적경축에 모터를 부착해 천구의 회전 속도와 똑같이 움직이게 하면 별은 망원경

독일식 적도의. 굴절이나
반사망원경에 많이 쓰입니다.

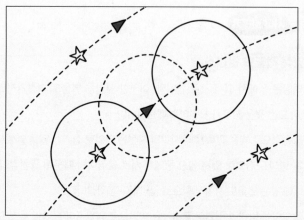

적도의식 가대와 별의 추적. 별이 원호를 그리며 흘러가는 것처럼 적도의식 망원경도 동일한 곡선을 그리며 추적합니다.

의 시야 내에 계속해서 머물러 있게 됩니다. 그야말로 관측이 편리해집니다.

적도의식 가대에도 여러 가지가 있으나, 아마추어들에게 가장 많이 쓰이는 대표적인 것으로는 독일식 적도의와 포크식 적도의가 있습니다. 독일식 적도의는 망원경 종류에 그리 영향을 받지 않는 데다가 여러 경통을 동시에 올릴 수 있는 등 변신이 자유롭기 때문에 가장 많이 쓰입니다.

하지만 독일식 적도의는 경통 반대편에 추가 위치하므로 망원경의 무게가 무겁습니다. 또 천구의 북극을 향하기가 어려우며 자오선을 통과할 때 망원경의 위치가 바뀌어야 한다는 단점이 있습니다. 또 이것은 동쪽과 서쪽을 향할 때 뉴턴식 반사망원경에서 접안부의 위치가 달라지는 약점을 발생시킵니다.

포크식 적도의 망원경

대개 적도의식이라면 독일식 적도의를 의미하지만, 포크식 적도의도 적도의의 한 유형입니다. 포크식 적도의는 슈미트 카세그레인 망원경에서 흔히 볼 수 있습니다. 경통 양옆으로 포크처럼 지지대가 나와 있어서 이런 이름이 붙었습니다. 이 적도의는 독일식 적도의의 균형추를 없애고 무게를 가볍게 했습니다.

포크식 적도의에서 경통은 양옆의 두 적위축에 의해 고정됩니다. 이 거대한 포크는 극축의 둘레를 함께 회전합니다.

포크식은 독일식 적도의와는 달리 자오선을 통과할 수 있습니다. 그러나 천구의 북극 관측은 마찬가지로 어렵습니다. 독일식 적도의는 천구의 북극을 겨누기가 어렵지만, 포크식 적도의에서는 눈이 위치하는 경통 뒷부분이 포크에 가리기 때문입니다. 천정 프리즘을 사용해도 다소 불편이 남습니다.

포크식은 그 형상의 특이성 때문에 짧은 경통(카세그레인 망원경 등)에만 쓰일 수 있고, 경통의 진동이 상대적으로 심하다는 단점을 안고 있습니다.

독일식이든 포크식이든 적도의식 가대는 초보자들이 쓰기에 다소 어려운 점이 있지만, 본격적인 관측을 원하는 아마추어 관측가나 천체사진을 촬영하기 원하는 아마추어에게는 필수적인 장비라 하겠습니다.

"아!"

호성이의 입에서 탄성이 흘러나왔습니다. 천체망원경도 간단한 것이 아니었다는 사실을 뼈저리게 깨달았습니다. 자신이 너무 쉽게 망원경을 생각했다는 점을 느끼자 호성이는 얼굴이 붉어졌습니다.

"여보게, 이제 그 정도로 해두고 별이나 좀 보여주게. 사실 오늘 별을 보러 온 것이거든."

아버지의 말씀에 아저씨는 흔쾌히 응해주셨습니다.

"하하! 그렇잖아도 그럴 생각이네. 별 보러 온 손님을 그냥 보낼 수는 없지 않은가!"

✨ 별도 크게 보이나요? ✨

정성단 아저씨는 관측 준비를 하셨습니다.

망원경 컨트롤러 손잡이에 빨간 불이 들어왔습니다. 적도의식 망원경에 장착된 모터가 회전하는 것이라고 설명을 해주셨습니다. 모터가 돌아감으로써 별들의 움직임을 자동으로 따라가게 되는 것입니다.

한참 관측 준비를 하고 있는데 아래층에서 초인종 소리가 들려왔습니다. 누가 온 모양입니다.

잠시 후 2층으로 누군가가 올라왔습니다. 참하게 생긴 여학생이었습니다.

"내 딸이네. 은하야, 인사하렴."

정성단 아저씨는 한 여학생을 소개했습니다.

"안녕하세요."

인사를 하는 명랑한 목소리와 함께 아버지의 웃음소리가 들려왔습니다.

"하하! 그동안 많이 컸구나. 내가 마지막으로 본 게 아마 3년 전이던가…?"

"이분은 아버지의 오랜 친구란다. 오늘 아들을 데리고 별을 보러 왔지. 참! 아들이 너랑 같은 학교에 다닌다던데…."

망원경에 정신이 팔려 이리저리 살펴보느라 미처 상황 파악을 못하던 호성이는 그제서야 고개를 들어 인사를 하는 상대방을 쳐다보았습니다.

단발머리의 예쁘장한 여학생 한 명이 눈앞에 서 있었습니다.

"앗!"

호성이는 눈앞의 여학생을 보며 외마디 비명을 질렀습니다. 그것은 상대방도 마찬가지였습니다. 단발머리 여학생도 호성이를 보며 깜짝 놀라는 것이었습니다.

"호성이…!"

"앗… 은하…!"

이미 둘은 알고 있는 사이였습니다. 같은 반인 데다가 같은 천체 관측반 소속이기 때문입니다. 물론 아직 신학기라 서로 잘 모르긴 했지만 그래도 하루에 한 번씩은 얼굴을 보는 사이였습니다.

의외의 인연이었습니다.

"뜻밖이구나. 네가 우리 집에 다 오다니… 하여간 반가워."

은하가 호성이에게 말을 건네며 웃음을 지었습니다.

"으응… 나도 반가워."

호성이는 머리를 긁적이며 대답했습니다.

"뭐 하고 계셨어요?"

은하가 자기 아버지인 정 선생님을 보며 물었습니다.

"별을 보여주려고 막 시작하던 참이야."

정 선생님이 빙그레 웃으시며 망원경을 하늘로 향하도록 움직였습니다. 그 망원경의 끝을 따라 호성이의 눈길도 하늘로 향했습니다.

밝은 별들이 여기저기서 빛을 발하고 있었습니다. 어느새 밤이 깊었는지 봄철의 별자리들이 하늘 높이 떠 있었습니다. 그의 눈이 오렌지색으로 빛나는 일등성 별인 아르크투루스에 머물렀습니다.

"저 별을 보고 싶어요. 저기 빛나는 목자자리 알파별인 아르크투루스요."

"훗!"

호성이 대답에 은하가 웃음을 터뜨렸습니다. 호성이는 영문을 모르고 은하를 쳐다보았습니다.

"넌 정말로 처음인가 보구나?"

호성이는 머쓱해져서 머리를 긁적였습니다.

"아버지! 호성이가 보고 싶다는 별을 맞추어주세요. 밝은 별이 보고 싶은가 봐요."

"하하! 그러자꾸나."

정 선생님은 망원경을 호성이가 가리킨 밝은 별로 향했습니다. 호성이는 망원경 뒤쪽에 있는 아이피스에 눈을 들이대었습니다.

"아무것도 안 보이는데요?"

호성이가 망원경을 보니 그저 밝고 둥그런 빛무리뿐이었습니다.

"호성아, 일단 초점을 맞추고 봐야 해."

"초점? 어떻게 맞추는데?"

호성이는 은하를 쳐다보며 물었습니다.

"접안부에 보면 둥근 손잡이 같은 거 있잖아? 그걸 돌려보면 아이피스가 위치한 부분이 들어갔다 나왔다 하거든."

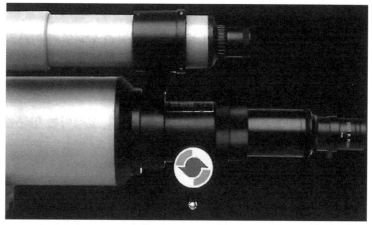

➡ 굴절망원경의 접안부

　은하의 이야기에 호성이는 망원경 접안부를 자세히 살펴보았습니다. 망원경 접안부에는 둥근 손잡이가 두 개 양옆으로 나 있었습니다. 바로 그것이 초점 조절 손잡이였습니다.

초점 맞추기

　천체망원경으로 별을 보려면 아이피스로 들여다보면서 초점을 맞춰야 합니다. 이것은 카메라로 사진을 찍을 때 선명히 찍기 위해서 렌즈를 돌려 초점을 맞추는 것과 같은 의미입니다. 초점을 맞추어야만 별들이 선명히 보입니다. 망원경으로 별을 볼 때 별이 부풀어 보인다면 초점이 맞지 않은 것입니다.

　대부분의 천체망원경 접안부를 보면 아이피스가 끼워지는 부분이 있습니다. 이곳에는 작은 나사가 하나 붙어 있는데, 아이피스를 끼운 다음 빠지지 않도록 고정시키는 장치입니다. 아이피스가 끼워지는 부분의 조금 앞에는 아이피스를 앞뒤로 움직일 수 있는 둥근 조절 손잡이가 있습니다.

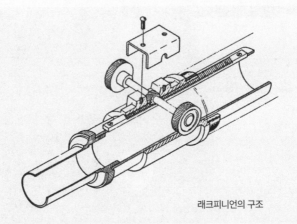

래크피니언의 구조

이런 형태의 접안부를 래크피니언 구조라고 합니다. 이 래크피니언 구조의 접안부는 튼튼하고 가변 범위가 매우 넓어서 망원경의 접안부로 가장 많이 사용됩니다.

조절장치 위쪽에는 접안부의 위치를 고정시키는 작은 나사가 있습니다. 이 나사를 꽉 조이면 접안부는 더 이상 움직이지 않습니다. 이 나사는 천체 사진을 촬영할 때 접안부가 움직이지 않도록 조이는 역할을 합니다.

슈미트 카세그레인 망원경은 조금 특이한 접안부 구조를 가지고 있습니다. 다른 망원경들은 접안부의 아이피스가 들어갔다 나왔다 하는 구조이지만, 슈미트 카세그레인의 경우에는 주경 자체가 움직이는 구조를 하고 있습니다.

슈미트 카세그레인 망원경은 주경의 바로 뒤쪽에 아이피스를 끼울 수 있도록 되어 있습니다. 이곳 바로 옆에 보면 작은 손잡이 나사가 하나 튀어나와 있습니다. 이 나사를 돌려보면 내부의 주경이 움직이는데, 겉으로 보기에는 나타나지 않습니다. 슈미트 카세그레인에서는 바로 이 나사를 움직여 초점을 맞춥니다.

대형 망원경에서는 부경의 위치를 원격 제어하여 초점을 맞추는 경우도 있습니다.

호성이는 초점 조절 손잡이를 돌리면서 아이피스를 들여다보았습니다. 시야에 보이는 밝은 빛무리가 점점 하나의 점으로 맺히는가 싶더니 다시 커다란 원형으로 바뀌었습니다.

"아! 제일 작고 선명히 보일 때가 초점이 맞는 거지?"

호성이가 물어보자 은하가 고개를 끄덕였습니다.

호성이가 초점 조절 나사를 몇 번 앞뒤로 왔다 갔다 돌려보니 밝은 빛이 하나의 점으로 선명히 맺히는 부분을 찾을 수 있었습니다. 바로 초점이 맞은 것입니다.

"이상하네!"

호성이는 고개를 갸웃거렸습니다.

"뭐가 이상하니?"

은하가 물었습니다.

"별이 보이기는 보이는데 그냥 눈으로 볼 때랑 똑같이 보이는데?"

호성이의 말에 주변 사람들이 한바탕 폭소를 터뜨렸습니다.

"하하! 당연한 거야! 그래서 조금 전에 내가 너 보고 초보자라 한 거구. 별은 망원경으로 보아도 눈으로 볼 때와 똑같이 보이거든."

"무슨 소리지?"

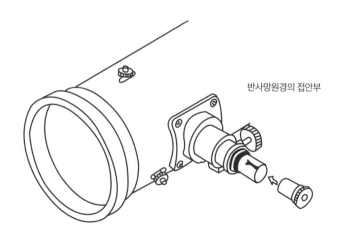

반사망원경의 접안부

"별은 너무나 멀리 떨어져 있기 때문에 아무리 망원경으로 보아도 눈으로 볼 때와 똑같이 그냥 점으로 보이는 거야. 절대 크게 보이지 않아."

은하의 설명에 호성이는 깜짝 놀라 은하를 쳐다보았습니다.

"어? 그렇다면 굳이 망원경으로 볼 이유가 없잖아?"

은하가 고개를 끄덕였습니다.

"당연하지. 그래서 망원경으로 별을 보진 않아."

"그럼 망원경으로 뭘 보는데?"

"망원경으로는 눈에 보이지 않는 것들을 봐. 눈에 보이지 않는 더 어두운 별이나, 달의 표면 모습, 나아가 별들이 무리를 짓고 있는 성운·성단 등 말이야. 그런 것들을 보는 것이지, 별 그 자체를 보는 것은 아니야."

호성이는 새로운 사실에 놀라웠습니다. 그냥 단순히 '망원경으로는 별을 보는 것이다'라고만 생각했는데, 알고 보니 그게 아니었기 때문입니다.

별은 왜 크게 안 보일까?

천체망원경으로 별을 보면 맨눈으로 하늘을 볼 때와 별반 다르지 않은 것처럼 보입니다. 별들이 좀 더 밝아졌을 뿐, 보이는 모습은 큰 차이가 없기 때문이지요. 초보자들이 가장 착각하기 쉬운 점은 별들이 크게 보일 것이라고 생각한다는 점입니다. 그래서 망원경으로 별을 보면 별들이 태양처럼 크게 보이리라고 짐작합니다. 그러나 실제로는 그렇지 않습니다.

왜 그럴까요? 실제로 별들은 대개 태양과 비슷한 크기를 가지고 있습니다. 하지만 무한히 멀리 있기 때문에 눈으로 볼 때에는 아주 작은 빛의 점으로 보입니다. 즉, 크기가 없다고 할 수 있는 점입니다.

망원경으로 100배 확대해 본다고 해도 크기가 없는 점을 100배 더 크게 만들어보아야 그 크기를 느낄 수 없는 것은 당연합니다. 별이 너무 멀리 있기 때문이지요. 그래서 우리는 망원경으로 별을 크게 볼 수 없답니다. 그 대신 망원경의 집광력 때문에 별이 더 밝아집니다. 그래서 망원경으로는 더 어두운 별들을 볼 수 있습니다.

그렇다면 우리 눈으로도 그 크기를 느낄 수 있는 태양이나 달은 어떻게 될까요? 태양이나 달은 망원경의 배율만큼 눈에 보이는 크기가 커집니다. 그래서 우리는 더욱 세부적인 모습을 볼 수가 있습니다.

별을 더 크게 볼 수 없다면 망원경으로는 무엇을 볼까요? 망원경으로는 별들이 모여 있는 성단이나 성간 가스들이 모여 있는 성운 같은 대상을 봅니다. 또 우리은하 외부에 매우 멀리 떨어져 있는 각종 은하들을 관측하게 됩니다.

관측 모습

망원경에선 거꾸로 보인다?

천체망원경으로 보이는 대상은 상하좌우가 뒤집혀 보입니다. 이 사실은 천체망원경으로 지상에 위치한 물체들을 겨누어 보면 쉽게 알 수 있습니다. 천체망원경으로 멀리 떨어진 건물을 겨누어 보면 건물이 뒤집혀 보입니다.

천체망원경으로 달을 겨누어 보면 아이피스로 보이는 달의 모습도 뒤집어져 있습니다. 달의 위쪽인 북쪽이 우리의 눈에는 아래쪽에 보이고, 왼쪽에 보이는 달의 동쪽 면이 아이피스에서는 오른쪽에 보입니다. 즉 망원경으로 보는 모습은 상하좌우가 모두 뒤바뀐 모습입니다.

많은 사람들은 이처럼 뒤바뀌어 보이는 것 때문에 혼란을 일으킵니다. 하지만 실상 아무런 문제가 되지 않습니다. 천체망원경으로 보는 하늘은 매우 작은 면적이기 때문에 그 모습만으로는 어느 쪽이 위쪽인지 구분이 어렵습니다. 지상의 물체의 경우 거꾸로 보이면 우리의 눈에 매우 낯설게 보이지만 천체망원경에서는 그렇지 않답니다. 천체망원경으로 보이는 상의 모습을 180도 회전시키면 원래의 모습과 똑같은 모습이 됩니다. 즉, 우리가 관측을 하고 기록을 남겼을 때 180도를 회전시키면 원래의 모습과 동일하므로 문제가 되지 않습니다.

천체망원경의 액세서리 중에서 천정 프리즘이라는 것이 있습니다. 이 천정 프리즘은 굴절망원경이나 슈미트 카세그레인 망원경에서 눈의 위치를

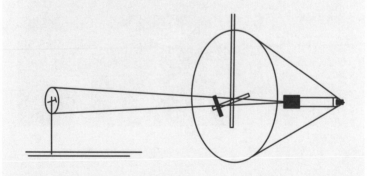

천체망원경의 상. 천체망원경에서는 상하좌우가 뒤집힙니다.

보다 편하게 해주는 도구입니다. 이 천정 프리즘을 통해 별을 보면 상하로 뒤집힌 상의 좌우가 다시 한 번 뒤집힙니다. 이것은 우리가 거울을 통해 보는 모습과 흡사합니다. 즉, 좌우만 바뀌는 것이지요.

다소 혼란스럽겠지만 망원경으로 보이는 대상은 상하좌우가 모두 뒤집혀 이를 다시 180도 돌리면 원래의 모습과 동일하다고 기억하시면 됩니다. 그러나 천정 프리즘을 사용하게 되면 180도를 돌리더라도 좌우가 뒤바뀐 거울의 상을 얻게 됩니다.

그날 밤 호성이는 처음으로 망원경을 구경했습니다. 또 망원경의 모습과 구조를 간략하게나마 배웠습니다. 그리고 망원경으로 밤하늘의 여기저기를 견학해보는 기회를 가졌습니다. 반 친구인 은하가 친절히 안내해준 덕분입니다. 호성이에게는 매우 즐거운 밤이었습니다. 하늘에는 별들이 빛나고 있었고 옆에는 예쁜 은하가 있었기 때문입니다.

★ 천체망원경은 굴절망원경, 반사망원경, 슈미트 카세그레인 망원경으로 분류됩니다. 각 망원경은 나름의 특징을 갖고 있어서 목적에 적합한 망원경을 구입하는 것이 좋습니다.

★ 망원경의 크기는 구경의 크기로 나타냅니다. 천체망원경에서 배율은 변화시킬 수 있는 것이므로 고정되어 있지 않습니다. 또 중요하지도 않습니다. 구경이 큰 망원경이 더 큰 망원경입니다.

★ 천체망원경으로 별을 보아도 별이 크게 보이는 것이 아닙니다. 별은 매우 멀리 떨어져 있어서 눈으로 볼 때와 큰 차이가 없습니다. 하지만 훨씬 밝게 보입니다. 망원경으로는 눈에 보이지 않는 어두운 별을 볼 수 있습니다.

3부
망원경을 사러갔어요

은하의 집에서 처음으로 천체망원경을 구경해본 호성이는 그때부터 눈만 뜨면 망원경 생각을 하곤 했습니다. 눈을 감으면 손에 잡힐 듯 별들이 선명히 눈앞에 떠올랐습니다. 그 별들은 푸른색으로, 흰색으로 빛나고 있었습니다. 푸른색 별들로 이루어진 별무리 사이로 붉은색 성운들이 둥둥 떠다녔습니다. 그 성운들은 사진에서 본 화려한 모습으로 눈을 어지럽히고 있었습니다.

따-악-!

"윽!"

호성이는 머리에 통증을 느끼며 번쩍 눈을 떴습니다.

"넌 잠자러 학교 왔니?"

"와 하-하-하!"

학생들의 웃음소리가 교실에 울려 퍼졌습니다. 호성이 앞엔 지휘봉을 든 선생님이 노려보고 계셨습니다. 깜박 잠이 들었나 봅니다.

호성이의 얼굴이 붉어졌습니다.

"뒤에 나가서 두 손들고 서 있어! 잠 깰 때까지!"

선생님의 호령 소리에 호성이는 머뭇거리며 교실 뒤로 가서 손을 들었습니다.

선생님이 수업을 다시 시작하시자 호성이는 교실을 휙 둘러보았습니다. 은하가 공부를 하다 말고 호성이를 쳐다보며 웃음을 지었습니다. 호성이는 쑥스러워져 머리를 긁적였습니다.

"손 똑바로 안 들어?"

선생님의 불호령에 호성이의 팔이 쭉 펴졌습니다. 하교 시간은 호성이에게 무척이나 즐거운 시간입니다. 수업이 끝나고 집으로 돌아가는 시간이야 누구에게나 즐겁겠지만, 호성이에겐 특별한 이유가 있습니다. 바로 은하와 함께 집에 가기 때문입니다.

그날 이후로 둘은 단짝처럼 마음이 잘 맞았습니다. 그래서 가끔 은하의 집에 놀러 가기도 하고, 은하가 호성이의 집으로 놀러 오기도 했습니다. 때로 호성이는 일부러 은하의 집까지 은하를 바래다주고 돌아가는 일도 있었습니다. 호성이는 은하와 함께 길을 걸으며 우주와 망원경에 대한 이야기를 하는 것이 무척 즐거웠습니다.

여느 때처럼 호성이는 은하와 나란히 걸어가면서 말했습니다.

"어젯밤에도 하루 종일 그 생각을 했는데…."

"푸히, 그래서 오늘 수업 시간에 졸았구나? 못 말려!"

은하가 웃음을 참지 못하고 낄낄거리며 웃었습니다.

"어떤 망원경을 사야 할까? 이게 좋을 것 같기도 하고, 저게 좋을 것 같기도 하고…."

"아버지께서는 망원경 사는 것을 허락하셨니?"

은하의 물음에 호성이는 고개를 끄덕였습니다.

"허락이야 옛날에 하셨지. 내가 공부를 좀 잘하냐. 내 말이라면 아버지서도 별로 반대를 안 하시지."

"하하!"

은하는 호성이의 말에 웃음을 터뜨렸습니다.

"음… 은하야! 부탁이 있는데…."

"뭔데?"

호성이를 쳐다보며 은하가 물었습니다.

"지금 망원경 가게에 한번 들르면 안 될까?"

"지금? 지금 망원경을 사려고?"

"아니, 구경만 할 거야. 뭘 살지 봐두어야 할 것 같아서."

다소 엉뚱하기는 했지만 은하는 호성이의 생각을 이해할 수 있었습니다. 사고 싶은 망원경을 일단 먼저 구경해보는 것도 좋은 방법일 테니까요.

망설이다 호성이와 은하는 시내 한쪽에 있는 망원경 판매 전문점으로 갔습니다. 그곳은 초보자들을 대상으로 한 저가용부터 고급용에 이르기까지 다양한 망원경을 전시해둔 곳이었습니다.

두 친구가 들어서자 주인아저씨는 반갑게 맞이해주셨습니다.

"망원경 사러 왔니?"

은하가 명랑한 목소리로 대답했습니다.

"아뇨, 다음에 살 거예요. 오늘은 그냥 구경만 하러 왔어요."

주인아저씨는 친절히 망원경들을 하나하나 설명해 주셨습니다. 처음 설명해 준 망원경은 까만색으로 칠해져 예쁘게 보이는 작은 굴절망원경이었습니다.

"이 망원경은 초보자들이 가장 많이 쓰는 60mm 굴절망원경이란다. 말 그대로 초보자 용이야."

호성이는 망원경을 주의 깊게 살펴보며 질문을 했습니다.

"어느 별까지 볼 수 있는데요?"

호성이의 질문에 은하가 인상을 찡그렸습니다.

"별은 다 마찬가지라니깐. 그렇게 묻는 것은 완전 초보가 묻는 어투야. 그게 아니라 목성은 어떻게 보여요? 이렇게 구체적으로 묻는 거야."

은하의 말에 주인아저씨께서 고개를 끄덕이셨습니다.

"학생은 뭘 좀 아는구나. 60mm 굴절망원경으로 목성을 보면 목성 주변에 있는 네 개의 큰 위성을 볼 수 있지. 또 목성 표면에 있는 줄무늬도 두세 개 볼 수 있단다."

이 작은 망원경으로도 그처럼 볼 수 있다는 이야기에 호성이는 감탄했습니다.

"60mm 굴절망원경은 그야말로 초보자 용이야. 세부적인 관측을 원한다면 보다 큰 구경의 망원경이 필요해. 또 대부분의 60mm는 저가로 만들어져서 다소 부실하기도 하지. 그래서 우리 가게에서는 60mm보다 80mm 구경을 자주 권한단다."

"80mm요?"

"그래, 80mm라면 보다 많은 대상을 관측할 수가 있어서 천체관측 흥미를 유지시키고 의욕을 북돋아주는 데 도움이 되지."

주인아저씨는 망원경의 주요 부분들을 보여주시며 망원경의 구경과 볼 수 있는 대상과의 관계를 잘 설명해 주셨습니다.

➜ 60mm 굴절망원경. 간편한 삼각대 위에 올려진 경위대식 굴절망원경입니다.

망원경 크기와 관측 대상

천체망원경의 크기는 구경으로 표시된다는 것은 이미 앞에서 설명했습니다. 자, 여기서 한 가지 의문이 생깁니다. 그렇다면 구경에 따라 실제로 보이는 대상들이 어떻게 달라질까요?

행성 중에서 가장 큰 목성을 관측하려면 가장 작은 크기의 망원경인 구경 60mm 굴절망원경이면 충분합니다. 60mm 망원경으로도 목성은 동그란 원판형으로 보입니다. 그 원판의 표면에 어두운 줄무늬 두 개가 가로지르고 있는 것도 볼 수 있습니다. 물론 그 크기는 매우 작습니다.

100mm 망원경이 되면 표면의 모습이 보다 뚜렷하게 보입니다. 그리고 목성 표면의 두드러진 현상 중 하나인 대적반도 볼 수가 있습니다. 구경 200mm 망원경으로 보면 목성의 표면 무늬는 더 자세히 보입니다. 줄무늬가 보다 세세히 보여 큰 주요 줄무늬 외에 또 다른 여러 무늬들도 보이게 됩니다.

초보자들은 큰 망원경으로 보면 목성이 더 크게 보이는 것으로 착각할는지 모르지만 실제로 보이는 크기와 망원경의 크기는 아무런 관계가 없습니다. 목성의 크기는 망원경의 배율에 관계가 되기 때문입니다. 하지만 배율이 같아도 보이는 목성의 세부 모습은 망원경 크기에 따라 크게 다르답니다.

성운·성단 관측에서도 마찬가지입니다. 밝은 성운인 오리온 대성운은 60mm 굴절망원경에서도 잘 보입니다. 그러나 작은 은하들은 매우 밝은 것을 제외하고 60mm 망원경으로 보이지 않습니다. 하지만 구경 200mm 망원경으로는 잘 보입니다. 즉, 망원경이 커질수록 더 어두운 대상까지 볼 수 있습니다.

● 구경과 보이는 모습

항목	육안	쌍안경	60mm	100mm	150mm
태양	볼 수 없음	거대 흑점의 존재	흑점 및 백반 조직	흑점 세부	흑점 세부
달	바다 확인	대형 크레이터	크레이터 및 산과 골짜기	크레이터들의 세부	크레이터들의 세부
금성	밝은 별로 존재	밝은 별로 존재	위상 변화	위상 변화	표면 무늬의 존재
목성	밝은 별로 존재	4대 위성의 일부	4대 위성 및 큰 줄무늬	큰 줄무늬의 상세	작은 줄무늬의 세부
화성	밝은 별로 존재	밝은 별로 존재	원반상 및 극관	극관 및 큰 표면 무늬	표면 무늬 상세
토성	밝은 별로 존재	밝은 별로 존재	고리 확인	카시니 홈 확인	고리 구조 및 표면 큰 무늬
천왕성	존재 확인	존재 확인	원반상	원반상	원반상
혜성	밝은 혜성	밝은 혜성	8등급 혜성	10등급 혜성	11등급 혜성
성운·성단	20개 가량	메시에 천체 일부	메시에 천체 및 NGC 일부	500여 개	1,000여 개

여기서 망원경의 구경에 따라 관측 가능한 대상과 보이는 모습을 분류해 보면 위의 표와 같습니다.

✨ 좋은 망원경은 어떤 것인가요? ✨

천체망원경 가게를 나온 호성이와 은하는 은하네 집으로 돌아왔습니다. 그들의 손에는 가게에서 얻어온 카탈로그가 서너 장 있었습니다. 앞으로 살 만한 망원경의 사진이 담긴 안내 카탈로그를 얻어온 것입니다. 두 친구는 함께 책상 앞에 앉아 어떤 망원경을 사야 할지 연구하기 시작했습니다.

"이런 망원경을 살 수 있다면 얼마나 좋을까?"

카탈로그에 있는 한 망원경을 손가락으로 가리키며 호성이가 중얼거렸습니다.

"그게 얼마인지나 아니? 꿈도 꾸지 마. 게다가 너에겐 줘봐야 돼지 목의 진주일 뿐이야. 제대로 사용할 수도 없을걸?"

은하가 키득거리며 말했습니다.

그들은 잠시 망원경 사진을 보며 황홀한 상상에 잠겼습니다.

"그런데 이 망원경의 구경은 얼마나 되는 걸까?"

호성이가 고개를 갸웃거렸습니다. 카탈로그에 이런저런 수치들이 많이 쓰여 있었지만 호성이로서는 잘 알기 어려웠습니다.

"잘 봐, 지난번에 다 배운 것들이야. 망원경 형식은 뉴턴 반사식이고… 구경은 150mm라고 쓰여 있지?"

은하가 조목조목 손가락으로 짚어나가며 설명을 시작했습니다.

이미 지난번에 다 들었던 것이었지만 막상 카탈로그에서 접하니 호성이는 다소 혼란스러웠습니다. 그러나 은하의 막힘없는 설명에 호성이는 감탄하지 않을 수 없었습니다. 또 한편으로는 그렇게 많은 정보를 알고 있는 은하가 부러웠습니다.

"와아, 카탈로그에 모든 것이 다 들어 있네."

카탈로그 설명이 끝나자 호성이는 은하를 쳐다보며 머리를 긁적였습니다.

 **시야 넓히기**

망원경 카탈로그 보기

모든 판매되는 물건에는 제품의 카탈로그가 있습니다. 이 카탈로그는 그 물건에 대한 소개에서부터 제원, 가격 등이 잘 나타나 있습니다. 천체망원경도 마찬가지입니다. 천체망원경의 완제품 카탈로그를 보면 해당 천체망원경의 사진이 있고 그다음에 세세한 설명이 나와 있습니다. 이것들을 나열해보면,

광학형식 뉴턴 반사식

가대형식 독일식 적도의

유효구경 150mm(6인치) **초점거리** 900mm **구경비** 6

집광력 460배 **극한등급** 12.7등급 **분해능** 0.77초

최저배율 20배 **최고배율** 150배

미러 1/16 Λ다층 보호코팅 파이렉스 미러

경통크기 ø170×L900, **경통중량** 7kg

모터드라이브 2배속, 16배속 마이크로 프로세스 컨트롤, 양축
드라이브, 12v 전원

기어비 1:144

전체중량 25kg

기타 7×50 파인더, 래크피니언, 1.25″ 접안부, PL25mm
아이피스, 가변 삼각대, 5kg 무게 추 2개, 12v 전원 케이스

가격 , , 원 **제조회사** A 광학사

대략 다음과 같은 것들이 적혀 있을 것입니다.

광학형식의 뉴턴 반사식은 뉴턴식 반사망원경이란 뜻입니다. 가대 형식란의 독일식 적도의는 망원경의 경통 아랫부분, 즉 다리의 종류가 적도의임을 말합니다.

유효구경, 초점거리, 구경비는 그 망원경의 크기를 나타내는 것입니다. 우리는 이미 앞에서 망원경의 크기는 구경으로 결정된다는 사실을 배웠습니다. 즉, 이 망원경은 150mm의 주경을 가진 반사경이 장착된 망원경이란 사실을 알 수 있습니다.

그다음 집광력, 최저배율, 최고배율 항목이 나옵니다. 이 값들은 단순한 계산상의 값입니다. 즉, 구경이 정해지면 바로 결정되는 값입니다. 그러므로 무시해도 좋습니다. 가끔 최저배율과 최고배율란에 해당 망원경에 포함된 아이피스를 끼웠을 때의 값이 기입되기도 합니다. 최고배율이 높으면 좋은 망원경이라고 착각하지만 그것은 절대 아닙니다.

미러(반사경) 항목의 내용은 다소 어려운 것입니다. 1/16이란 수치는 미러, 즉 반사경 정밀도인데, 값이 작을수록 좋습니다. 대개 1/8 이하이면 양호합니다. 하지만 이 수치는 제작사가 일방적으로 제시하는 값이므로 전혀 믿을 수 있는 근거가 없습니다.

경통 크기와 중량은 새삼 말하지 않더라도 알 것입니다. 모터드라이브 부분은 가대에 모터가 부착되어 있다는 뜻입니다. 이 망원경은 2배속과

16배속의 두 가지 속도를 사용할 수 있습니다. 2배속은 고배율에서 매우 조금 움직일 때, 16배속은 대상을 찾을 때 사용합니다. 양축 모터란 적경과 적위축 모두에 모터가 부착되어 있다는 뜻입니다. 저가형에는 적경 모터만 붙어 있는 경우도 흔합니다. 12v 전원이란 1.5v 건전지를 여덟 개 직렬로 연결해 모터 전원으로 사용한다는 뜻입니다. 기어비는 적경이나 적위축에 장착된 웜휠의 잇수로 초보자들에게 그리 중요하지 않습니다. 전체 중량이란 망원경을 모두 조립했을 때의 무게입니다. 경통 중량은 경통만의 무게를 뜻합니다.

기타 사항에 있는 7×50 파인더는 망원경 경통에 부착된 파인더가 구경 50mm에 7배란 뜻입니다. 파인더는 클수록 좋습니다. 래크피니언, 1.25″ 접안부는 아이피스가 끼워지는 배럴 크기가 1.25인치(31.7mm)란 뜻입니다. 요즘 망원경 대부분이 31.7mm를 채택하고 있습니다. 래크피니언은 초점 맞추는 방식이 래크피니언 방식이란 이야기로, 대부분의 망원경이 바로 이 양식입니다. PL25mm 아이피스(접안경)란 이 망원경을 사면 25mm 프뢰셀 형식의 아이피스가 하나 들어 있다는 뜻입니다. 가변 삼각대란 높낮이를 조절할 수 있는 삼각다리란 이야기입니다. 5kg 무게 추 두 개는 독일식 적도의의 경통 반대편에 장착되는 추가 두 개란 의미입니다. 12v 전원 케이스는 건전지 여덟 개를 넣기 위한 케이스가 있다는 뜻입니다.

망원경 회사마다 카탈로그 내용이 다소 다르긴 하지만 대개의 경우 위의 것과 비슷합니다. 여기의 설명을 참고하시면 아마 쉽게 이해가 될 것입니다.

카탈로그를 모두 살펴본 호성이와 은하는 본격적으로 고민하기 시작했습니다.

"자! 먼저 굴절망원경을 살 것인지, 반사망원경을 살 것인지 생각을 해보자."

은하의 말에 호성이가 의문을 나타내었습니다.

"왜 그것부터 정해야 하는 거야?"

"굴절망원경과 반사망원경은 그 특징이 많이 다르거든. 또 무엇보다 가격의 차이가 크지."

호성이도 가격차에 대해서는 이미 충분히 느끼고 있었습니다.

"그건 그래. 굴절망원경이 훨씬 더 비싸더라. 여기 있는 것만 봐도 100mm 굴절망원경의 가격과 150mm 반사망원경의 가격이 비슷하잖아?"

"그래. 망원경의 크기가 동일할 경우 굴절이 훨씬 더 비싸지. 왜 그런지 아니?"

호성이는 고개를 가로저었습니다. 호성이로서는 당연히 잘 모르는 이야기였습니다.

은하는 자신 있는 목소리로 상세히 설명을 시작했습니다.

"그건 말이야, 굴절망원경을 만드는 데 더 돈이 들기 때문이야. 물론 망원경을 보았을 때 같은 구경이라면 굴절망원경의 성능이 조금 더 뛰어나기도 하지."

"구경이 같으면 성능이 같다며?"

은하는 고개를 끄덕였습니다.

"그건 이론적인 이야기일 뿐이야. 구경이 같더라도 뉴턴식 망원경은 앞부분의 일부를 사경이 가리고 있으니깐 집광력에서 다소 손해를 본다고 봐야지. 게다가 그 문제 때문에 콘트라스트도 다소 떨어지거든…."

"콘트라스트가 뭐지?"

"콘트라스트란 흑백 대비를 이야기하는 거야. 콘트라스트가 좋으면 별들이 더 선명히 보이지. 미술시간에 배웠지?"

"난 그 시간에 졸았거든…."

호성이가 머리를 긁적이며 대답하자 은하가 웃음을 터뜨렸습니다. 은하는 굴절망원경과 반사망원경의 특징에 관해 상세하게 이야기해 주었습니다. 더불어 슈미트 카세그레인 망원경의 특징도 이야기했습니다.

망원경의 종류별 장단점 비교

천체망원경을 구입하려면 가장 고민되는 것이 어떤 형식의 망원경을 구입하는 것이 좋은가 하는 것입니다. 즉, 자신에게 가장 맞는 망원경에 대해 고민하는 거지요.

● 망원경 형식별 장단점 비교

항목	굴절망원경	반사망원경	슈미트 카세그레인 망원경
주경	볼록렌즈	오목렌즈	오목거울+ 메니스커스렌즈
가격	고가	저가	저가
색수차	남아 있다	없다	거의 없다
주요수차	구면수치	코마수치	상면 만곡
보이는 정도	안정됨	불안정	중간
콘트라스트	강하다	낮다	낮다
가격대비구경	구경이 작다	구경이 크다	구경이 크다
자작여부	힘들다	쉽다	어렵다
사용성	좋다	나쁘다	중간이다
손질 및 조정	어렵지 않다	다소 까다롭다	중간이다
특징(장점)	행성 및 이중성 관측	성운·성단 관측	성운·성단 관측

여기에서 좀 더 정확하게 천체망원경의 종류별로 장단점을 비교해봅니다. 일률적으로 이렇다고 잘라 말하기는 어렵지만 시판되는 대부분의 망원경들은 이 장단점 비교를 크게 벗어나지 않습니다.

행성 관측을 주로 할 사람이라면 굴절망원경이 좋습니다. 반면 성운·성단 관측을 주로 할 사람이라면 반사망원경이나 슈미트 카세그레인 망원경이 좋습니다.

설명을 들은 호성이는 놀라움을 금치 못했습니다. 도대체 은하가 알고 있는 지식의 한계는 어디까지일까요? 또 자신은 얼마나 지나야 은하와 비슷해질 수 있을까요?

카탈로그를 뒤적이던 호성이는 한숨을 푹 내쉬었습니다.

"왜 그러니?"

"아! 내가 사고 싶은 망원경은 너무 비싸네! 난 행성도 보고 싶고 성운·성단도 보고 싶고… 거기다가 천체사진도 찍고 싶거든. 망원경도 큰 것을 사야겠는데 그런 망원경은 가격이… 으…."

사실은 은하의 설명에 기가 죽어 한숨을 내쉰 것이었지만, 그렇다고 그렇게 대답을 할 수도 없었습니다. 그래서 대충 그럴듯하게 둘러대었습니다.

호성이의 한숨소리에 은하가 기가 막힌다는 표정을 지었습니다.

"천체관측에 있어서 베테랑이라는 이야기를 듣는 우리 아버지도 100mm 굴절망원경을 갖고 계시단 말이야. 꼭 큰 망원경이 있어야 하는 것은 아냐. 그보다 자신한테 적합한 망원경을 선택하는 게 더 중요하지."

은하의 이야기가 옳다는 것은 호성이도 잘 알고 있습니다. 괜히 값비싼 것을 골랐다가는 아버지가 사주시기는커녕 혼만 내실 것이 분명하기 때문입니다.

"값이 싸면서 성능 좋은 망원경은 없을까? 아! 맞다. 오늘 가게 아저씨가 추천하신 것 있잖아? 이건가? 하여간 그 망원경이 무척 좋다고 하신 것 같은데… 어느 거였지?"

호성이는 카탈로그를 뒤적였습니다. 분명 가게에 전시된 것을 보았는데 그것을 다시 카탈로그에서 찾아보려니 다소 혼란이 일었습니다.

"호성아, 그게 아냐. 대개의 경우 가게 주인은 항상 자기들의 망원경이 좋다고 말한대. 그것을 그대로 믿으면 안 돼. 특히 망원경의 경우는 저가이면서도 고성능의 물건이란 사실상 어려워. 내 말 못 믿겠으면 나중에 아저씨한테 물어봐. 이 망원경이 좋은가 저 망원경이 좋은가. 아저씨 대답은 분명 비싼 게 좋다고 할 거야."

"그럴까…?"

"그러니까 무엇보다 너 자신에게 적합한 망원경을 고르는 것이 중요해."

은하가 냉장고에서 주스를 꺼내왔습니다. 목이 마르던 참이었는지라 호성이는 은하가 주는 음료수를 쭉 들이켰습니다.

은하도 음료수를 한 모금 마시고 다시 이야기를 시작했습니다.

"아마 아버지는 초보자용 정도의 망원경 가격을 생각하고 계실 거야. 그 정도 범위 내에서 골라야지. 초보자용이라면 어떤 것인지 알지?"

"응. 굴절망원경이라면 60mm에서 80mm 정도가 가격도 싸면서 초보자들이 볼 만하고, 반사라면 100mm에서 130mm 정도 사이가 적당하지."

호성이의 대답에 은하가 미소를 지었습니다.

"바로 그거야. 사실 네 실력으로는 그보다 더 좋은 망원경은 낭비라고 할 수 있지."

은하의 말 한마디에 호성이가 선택할 수 있는 망원경은 불과 서너 가지로 줄어들어 버렸습니다.

시야 넓히기

좋은 망원경을 선택하려면

어떤 망원경을 선택해야 후회가 없을까요?

대개의 경우 천체망원경의 구입은 천체망원경 전문점에서 하는 것이 필수입니다. 그래야 나중에도 천체망원경을 사용하며 도움을 받을 수 있고 제대로 활용할 수 있습니다. 또 관측이 거의 불가능한 장난감 같은 망원경을 팔지 않으므로 제대로 된 제품을 살 수 있습니다. 거기에다 가격도 다른 곳에 비하면 합리적입니다.

소형 망원경들. 모두 작지만 이동성이 좋은 망원경들입니다.

천체망원경을 고를 때 가장 어려운 문제는 망원경 하나로 모든 것을 다 하려고 하기 때문에 발생합니다. "당신은 천체망원경으로 무엇을 하고 싶은가요?"라고 물었을 때 대부분의 사람들은 "달도 보고요, 목성이나 토성도 보고요, 성운·성단도 보고 싶어요. 또 천체사진도 찍고 싶고…"라고 대답합니다.

옛날 이솝 우화에 보면, 동물들이 모여 왕을 뽑기로 했습니다. 처음에는 사자를 왕으로 선택했습니다. 땅을 걸어 다니는 사자의 용맹성은 동물의 왕이 되기에 충분하니까요. 그러자 새들이 반대했습니다. 날지도 못하는 동물이 어떻게 왕이 될 수 있냐고 말입니다. 새들은 독수리를 추천했습니다. 그러자 물고기가 반대를 했습니다. 헤엄도 못 치는 동물이 어떻게 왕이 될 수 있냐고요. 고래가 되어야 한다는 것이 물고기들의 주장이었습니다. 동물들은 날마다 회의를 했습니다. 도무지 결론이 나지 않았지요. 결국 그들은 그 모든 것을 할 수 있는 동물을 왕으로 뽑았습니다. 어떤 동물을 왕으로 뽑았을까요? 바로 오리였습니다.

천체망원경도 마찬가지입니다. 행성도 보고, 성운·성단도 보고, 천체사진도 찍을 수 있는 망원경을 선택하면 가장 엉망인(?) 망원경이 될 수 있습니다.

그렇다면 천체망원경을 선택하는 방법은 무엇일까요? 자신이 망원경으로 가장 하고 싶은 분야를 찾는 것입니다. 행성을 보고 싶다면 행성을 보기에 가장 좋은 망원경을 선택합니다. 천체사진을 찍고 싶다면? 천제사진을 가장 잘 찍을 수 있는 망원경을 선택합니다. 이것이 망원경 선택의 기본입니다.

행성을 관측하는 것이 주된 목표인데, 천체 사진도 찍고 싶다면? 대부분이 이렇게 생각을 합니다. 그러나 두 번째 목표 때문에 망원경 선택을 바꿀 필요가 없는 경우가 많습니다. 왜? 어떤 망원경도 오직 한 가지만 할 수 있지는 않기 때문입니다. 행성을 보는 망원경이라고 해서 성운·성단을 볼 수 없는 것도 아니고 또 천체사진이 불가능한 것도 아니기 때문입니다.

자신이 하고 싶은 분야에 가장 적합한 망원경이 바로 최선의 선택입니다.

집이 도심에 있고 행성 관측에 관심이 있는 사람이라면 굴절망원경이 적절한 선택입니다. 집이 야외에 있거나 가끔이라도 야외에 나가 관측 활동을 행할 수 있는 사람이라면 성운·성단·은하의 관측에 흥미를 가져볼 만합니다. 이때는 보다 구경이 큰 망원경을 선택하는 것이 좋을 것입니다.

초보자로서 이런 용도로 사용하기에 가장 적합한 것이라면 150mm~ 200mm의 돕소니안 반사망원경이나 슈미트 카세그레인 망원경입니다. 행성 관측 면에서는 다소 성능이 떨어질지라도 성운·성단 관측에서는 탁월한 성능을 보여줍니다. 반사망원경을 초보자가 사게 되면 망원경 정비가 다소 껄끄러울 수 있습니다. 하지만 그 점은 금세 해결되기 때문에 그리 염려할 필요가 없습니다.

이제 그들의 앞에는 60mm 굴절 경위대 망원경, 80mm 굴절 경위대 망원경, 80mm 굴절 적도의 망원경, 100mm 반사 경위대 망원경, 130mm 반사 적도의 망원경만이 남았습니다. 선택할 수 있는 초보자 망원경은 이 다섯 가지 중 하나일 것입니다.

은하는 카탈로그를 가리키며 호성이에게 조목조목 따져 물었습니다.

"자, 지금부터 생각해보자. 너 별 보러 자주 야외로 나갈 거니?"

"망원경 사면 자주 나가야지. 아마 매일 나가고 싶어질걸?"

"그 말이 아니야. 냉철하게 생각해봐, 과연 얼마나 야외로 나갈 수 있는지. 넌 학생이잖아? 또 함께 별 보러 나갈 사람도 많지 않고, 학교에서 단체로 가봐야 한 학기에 한 번 가기 쉽지 않을걸?"

역시 은하는 생각하는 것이 다릅니다. 정말 하는 말마다 똑소리 나는 대단한 아이라는 생각이 들었습니다.

"저러니… 공부를 잘할 수밖에 없어. 하지만 나중에 누가 남편 될지 모르지만 그 남자 고생 좀 하겠다."

호성이의 중얼거림에 은하가 무슨 소린지 못 알아듣고는 호성이를 쳐다보았습니다.

“응?”

“아… 아냐.”

호성이는 황급히 고개를 저었습니다.

몇 차례의 고민 끝에 호성이와 은하는 80mm의 굴절망원경을 선택하기로 했습니다.

그들이 고민하고 있을 때 은하의 아버지가 퇴근하시고 돌아오셨습니다. 호성이를 보더니 아저씨는 웃으며 말씀하셨습니다.

“하하, 이제 둘이서 매일 붙어 다니는구나?”

은하가 얼굴을 붉히며 기어들어가는 목소리로 대답했습니다.

“아녜요, 오늘은 망원경 고르는 거 때문에 같이 있는 거예요. 호성이가 망원경을 사려고 하거든요.”

“내가 보기엔 둘이 사귀는 걸로 보이는데?”

은하의 아버지가 은하를 놀리며 한바탕 웃으셨습니다.

“아니라니깐요. 전 호성이처럼 못생긴 애랑은 안 사귄다니까요. 제 이상형은 아이돌….”

은하의 말에 호성이의 얼굴 표정이 일그러졌습니다. 한바탕 웃음이 일었습니다.

“그래서 무슨 망원경을 사기로 했지?”

“80mm 굴절망원경요. 적도의 보다는 경위대가 저에게 적합할 것 같고요.”

호성이가 대답했습니다.

“잘 생각했다. 그렇다면 이 모델로 구입하렴.”

아저씨는 카탈로그에 있는 망원경 중 하나를 가리키셨습니다.

“감사합니다.”

호성이는 대답을 한 후 그 망원경을 카탈로그에서 자세히 살펴보았습니다. 그 망원경은 다소 튼튼해 보이는 다리를 가지고 있기는 했지만 별달리 특이한 점이 없었습니다.

옆에 있는 또 다른 망원경과 비교하던 호성이는 이상한 점을 발견했습니다.

"옆에 있는 이 망원경은 아이피스가 세 개나 되는데요? 제 망원경은 아이피스를 하나밖에 끼워주지 않아요! 아무래도 많이 끼워주는 게 좋지 않을까요?"

호성이기 묻자 아저씨는 웃음을 지었습니다.

"당연히 많이 끼워주면 좋지. 그렇지만 두 망원경에는 큰 차이가 있단다. 아이피스가 끼워지는 접안부 크기를 잘 보렴. 하나는 31.7mm이고, 다른 하나는 24.5mm잖아? 앞으로를 생각하면 31.7mm가 더 유리하단다."

호성이로서는 금세 이해가 되지 않았지만 일단 그 모델을 사기로 결정했습니다.

✨ 망원경 성능의 절반! 아이피스 ✨

천체관측반 모임이 있다는 연락이 왔습니다. 관측반에 들어간 뒤 첫 번째 모임입니다. 호성이와 은하는 수업을 마치고 함께 실습실에 들렀습니다. 천체관측반 모임은 주로 과학 실습실에서 열립니다. 학교 내에 달리 모일 만한 공간이 없기 때문입니다.

오늘 모임에서는 한 해 동안 천체관측반에서 해야 할 일에 대해 들었습니다. 매주 특별활동 시간에 세미나를 하고, 한 달에 한 번 정도 학교에서 교내 관측을 한다고 합니다. 여름에는 야외로 천문 캠프를 가고, 가을에는 가장 큰 행사인 학예회가 열리며, 이때 활동 기록들을 전시 발표한다고 합니다.

　모임이 끝난 뒤 선후배 사이에 대면식이 있었습니다. 각 학년별로 십여 명이 소속되어 있습니다. 하지만 3학년들은 공부를 하느라 관측반 활동에 거의 참여하지 못합니다.

　가장 많은 활동을 하는 학년은 2학년이었습니다. 천체관측 반장도 2학년으로 이름이 김준이라고 했습니다. 천체관측 실력이 대단하다고 알려져 있습니다. 성격도 좋고 외모 또한 준수해 따르는 여학생들이 많다는 소문이 있었습니다.

　김준이 인사를 했을 때 은하가 호성이를 보며 말했습니다.

　"저 오빠 참 잘 생겼다. 그렇지 않니?"

　호성이는 부인할 수 없었습니다. 하지만 그렇다고 대답을 하기도 뭐해 잠자코 있었습니다.

　2학년 중에는 천체관측 실력파들이 많았습니다. 천체관측 반장과 쌍벽을 이룬다는 형이 한 사람 있었는데, 천체관측반의 관측 계획 및 기록 등의 모든 일을 담당하고 있다고 했습니다. 또 빠뜨릴 수 없는 한 사람으로 별자리 누나라고 불리는 선배가 있었습니다. 별자리에 대해 해박한 지식을 가지고 있는 누나로 귀여운 외모의 여학생이었습니다.

그들을 보며 호성이는 내년에는 자신도 저렇게 되고 싶다는 생각을 했습니다.

마침내 그 주 토요일, 호성이는 아버지와 함께 망원경 판매점으로 갔습니다. 이미 어떤 망원경을 살 것인지 결정을 한 상태이기 때문에 고민할 필요는 없었습니다.

"이 망원경으로 할래요."

호성이가 자신 있게 망원경 하나를 가리키자 주인아저씨는 다소 의외라는 듯 웃음을 지으시며 그 망원경에 대해 설명을 해주셨습니다. 이미 은하 아버지에게 다 들었던 내용인지라 별달리 특이한 내용은 없었습니다.

"그런데 이 망원경에 딸린 아이피스는 하나뿐이란다. 하나쯤 더 필요하지 않겠니?"

➜ 다양한 아이피스

주인아저씨의 이야기에 호성이는 옆에 서 계신 아버지의 눈치를 살폈습니다. 아버지는 이미 짐작하셨다는 듯 고개를 끄덕이셨습니다. 허락의 뜻입니다. 호성이는 내심 쾌재를 부르며 물었습니다.

"어떤 아이피스가 있어요?"

"아이피스의 종류도 망원경 종류만큼이나 다양하단다."

 **시야 넓히기**

겉보기 시야와 실시야

아이피스에서 가장 중요한 수치는 아이피스의 초점거리일 것입니다. 이 길이가 바로 망원경의 배율을 결정짓기 때문입니다. 아이피스의 초점거리가 길수록 망원경의 배율은 낮아지고 초점거리가 짧을수록 배율은 높아집니다.

관측에서 가장 많이 사용하는 배율은 어느 정도일까요? 초보자들은 고배율이라고 생각할지 모르지만, 대개의 경우 중저배율을 가장 많이 사용합니다. 즉, 50배 전후의 배율이 가장 흔합니다. 성운·성단 관측을 비롯해 대부분의 대상에 널리 사용할 수 있는 배율입니다. 만일 여러분이 아이피스를 오직 하나만 산다면 이 배율의 아이피스를 구입하는 것이 가장 좋습니다.

저배율이 마련되었다면 그다음에 필요한 아이피스는 고배율 아이피스입니다. 이 아이피스는 행성 관측에 사용됩니다. 배율이 소형에서는 100배, 대형 망원경에서는 200배가량 되는 아이피스입니다.

한편 확대렌즈(barlow lens)라는 것이 있습니다. 확대렌즈는 아이피스와 망원경 사이에 끼워 사용합니다. '2X확대'라면 배율을 2배 더 높여줍니다. 그러므로 확대렌즈는 아이피스의 용도를 2배로 확장시켜준다고 하겠습니다.

➡ 아이피스 겉보기 시야. 왼쪽이 일반적인 아이피스의 시야를 표시하고 오른쪽이 광각 아이피스의 시야입니다. 두 아이피스의 배율은 동일합니다. 겉보기 시야가 넓을수록 관측이 편리합니다.

초점거리 이외에 아이피스의 중요한 수치로는 겉보기 시야라는 것이 있습니다. 겉보기 시야란 아이피스에 눈을 대어보면 나타나는 둥그런 밝은 시야의 크기를 말합니다. 겉보기 시야가 좁으면 답답하고, 시야가 넓을수록 시원하게 보입니다. 그러므로 겉보기 시야가 넓은 아이피스일수록 좋습니다. 겉보기 시야는 렌즈 구성 형식에 따라 그 한계치가 대략 정해져 있어서 케르너식은 50도 내외, 오르도스코픽식은 45도, 람스덴은 40도 정도입니다. 겉보기 시야가 40도 이하인 아이피스는 매우 불편해 쓰지 않는 것이 좋습니다.

아이피스의 수치 중 기억해야 할 또 하나의 수치는 아이릴리프입니다. 아이릴리프란 초점면과 아이렌즈(눈에 가장 가까이 있는 렌즈)와의 거리로서, 관측 시에 눈이 아이피스에서 얼마나 떨어지는가 하는 것을 나타낸다고 할 수 있습니다. 일반적으로 고배율일수록 아이릴리프는 작고, 저배율일수록 아이릴리프는 큽니다. 대개의 경우 10mm 이상은 되어야 사용이 편합니다.

주인아저씨는 몇 가지의 아이피스를 가지고 오셨습니다.

"자, 이거 한번 보렴."

아저씨는 아이피스 하나를 눈에 대어 들여다본 다음 호성이에게 건넸습니다. 호성이도 아저씨처럼 아이피스를 눈앞에 대고 들여다보았습니다. 망원경에 연결되어 있을 때처럼 똑같이 들여다보니 둥그런 밝은 원이 보였습니다.

"그게 바로 시야라 한단다. 좀 더 정확히 말하면 겉보기 시야라고 하지. 자, 이것도 한번 보렴."

아저씨가 건네주시는 또 다른 아이피스를 들여다보았습니다.

"이번 것은 좀 답답하게 보여요. 둥근 원이 좀 작은데요?"

호성이가 느낌을 이야기하자 아저씨가 설명을 해주셨습니다.

"그게 바로 겉보기 시야가 좁아서 그렇단다. 겉보기 시야가 넓어야 아무래도 더 보기 편하고 시원하게 보이지."

"아…."

설명을 들으면서 호성이는 다시 한번 들여다보았습니다.

아이피스를 여기저기 훑어보던 호성이는 이상한 것을 발견했습니다. 아이피스 앞쪽에 쓰여 있는 글씨가 각각 달라 보였습니다.

"궁금한 게 있어요. 여기 쓰인 글씨를 보면 뒤의 숫자는 아이피스 초점거리인 것을 알겠는데, 앞의 문자는 무엇을 뜻해요? Or13이라고 쓰인 것의 의미는요?"

호성이는 아이피스에 적힌 글자를 가리켰습니다.

"하하! 뒤의 숫자는 아이피스의 초점거리가 맞단다. 초점거리가 길면?"

"그건 저배율 아이피스예요."

아저씨는 고개를 끄덕였습니다.

"하하, 잘 아는구나. 초점거리가 길수록 저배율 아이피스가 되지.

반대로 초점거리가 짧을수록, 즉 쓰여 있는 숫자가 작을수록 고배율이지. 또 그 앞에 쓰인 영문자는 아이피스 렌즈 형식을 가리킨단다."

"렌즈 형식요?"

"Or은 오르도스코픽식을 뜻한단다."

아이피스의 종류

요즘 판매되는 아이피스는 모두가 렌즈가 2매 이상의 아이피스들입니다. 흔히 볼 수 있는 저가 아이피스인 호이겐스(H)나 람스덴 형식(R)은 2군 2매 형식입니다. 2군이란 렌즈가 두 군데 무리 지어져 있다는 이야기이고, 2매란 아이피스를 구성하는 총 렌즈 수가 두 개란 이야기입니다. 케르너 형식(K) 아이피스는 필드렌즈가 한 개, 아이렌즈는 색수차를 보정하기 위해 두 개로 구성되어 있습니다. 즉, 총 렌즈 매수가 3개입니다. 그러므로 케르너식은 2군 3매 형식입니다.

람스덴　　　　호이겐스　　　미텐제에 호이겐스

저가 아이피스의 렌즈 구성

오래전에 개발되어 현재에도 쓰이는 아이피스에는 호이겐스식(H), 람스덴식, 케르너식, 오르도스코픽식(Or)이 있습니다. 이 아이피스가 바로 얼마 전까지만 해도 아마추어들이 주로 쓰던 대표적인 아이피스입니다. 호이겐스식과 람스덴식은 아이피스에 색수차가 많이 남아 있으나 만들기 쉽고, 가격 또한 비교적 저렴합니다.

색수차를 보정한 가장 초기 단계의 아이피스가 바로 케르너 형식입니다. 이 케르너 형식은 비교적 시야가 넓어 쌍안경용 아이피스로 많이 쓰입니다.

오르도스코픽식은 얼마 전까지만 해도 가장 고급형 아이피스였습니다. 이 아이피스는 수차 보정이 잘 되어 있어서 고배율에서 위력을 발휘하는 형태입니다. 이 아이피스는 2군 4매 형식으로 압베식과 프뤼셀식(PL)이 있습니다. 요즘에는 압베식만을 오르도스코픽식이라 하고, 플뤼셀식은 따로 프뤼셀식이라고 하는 경우가 많습니다.

케르너   오르도스코픽

프뤼셀   텔레뷰 나글라 II

빅센LV   미드 울트라 와이드

고가 아이피스의 렌즈 구성

이러한 전통적인 아이피스 이외에도 1980년대 후반부터 다양한 아이피스들이 나타나고 있습니다. 그 첫 번째가 바로 미국의 텔레뷰 사에서 개발한 새로운 개념의 아이피스인 나글라식(N)입니다. 이전 아이피스의 경우 저급한 것은 겉보기 시야가 30도에 불과했고, 오르도스코픽은 45도 전후, 광각이라는 어플식(Er)이 60도를 넘기가 어려웠던 것에 비해 이 나글라 아이피스는 겉보기 시야가 82도나 됩니다.

이런 최신 아이피스들은 렌즈 구성 매수가 3군 5매에서 5군 8매 이상으로 다양하며, 각종 수치들을 제거하고 시야 화각을 넓히려고 노력한 제품들입니다. 이전의 아이피스에 비해 성능은 매우 탁월하지만 가격은 다소 비쌉니다.

대표적인 것으로 텔레뷰 사의 나글라, 와이드필드(WF), 파놉틱(Pa), 라디안(Rd)과 유니트론 사의 초광각 아이피스인 와이드스캔(WS), 미드 사의 수퍼와이드(SW), 울트라 와이드(UW), 빅센 사의 LV 아이피스, 다카하시 사의 LE 아이피스, 펜탁스 사의 XP, XL 아이피스 시리즈가 있습니다.

아이피스의 종류가 많다는 사실에 호성이는 깜짝 놀랐습니다. 그리고 그보다 더 놀란 것은 어떤 아이피스의 가격이 엄청나게 비싸다는 사실이었습니다. 무슨 아이피스가 망원경 값보다도 더 비쌀까요?

"그런데 제 망원경에 있는 아이피스는 어떤 거예요?"

호성이의 질문에 아저씨는 아이피스를 보여주셨습니다. 아이피스의 앞에는 K30이라고 적혀 있었습니다. 소형 망원경에서 많이 사용하는 아이피스인 케르너 방식에 초점거리 30mm 아이피스라는 설명도 하셨습니다.

"그럼 제 것으로 다른 하나는 고배율로 주세요."

아저씨는 아이피스 하나를 호성이에게 보여주었습니다. 그 아이피스에는 Or6이라고 쓰여 있었습니다. 이 아이피스를 호성이의 망원경에 연결하면 133배가 됩니다. 즉, 고배율 아이피스인 것입니다.

"아버지, 은하 아버지는 아이피스를 많이 가지고 계시겠지요?"

옆에서 아무 말씀 없이 구경만 하시던 아버지는 느닷없는 호성이의 질문에 멈칫하더니 고개를 끄덕였습니다.

"그거야 당연하지. 그런데 왜?"

"히히, 아이피스를 은하네서 빌려 쓰려고요. 설마 안 빌려주시지는 않을 것 같은데요?"

"하하, 그렇구나."

아버지는 호성이의 이야기에 웃음을 터뜨렸습니다.

"아 참, 그런데 모든 아이피스는 망원경에 끼워지는 부분의 크기가 다 똑같겠지요? 그래야 어떤 아이피스나 다 쓸 수 있을 것 같은데요?"

그 이야기에 판매점 아저씨는 고개를 저었습니다.

"꼭 그런 것은 아니란다. 초보자용의 저가 망원경은 그 크기가 조금 더 작지. 아이피스가 끼워지는 부분을 배럴이라고 부르는데, 대부분의 망원경 아이피스는 배럴 크기가 31.7mm란다. 하지만 초보자용 저가 망원경은 24.5mm란다. 아무래도 24.5mm 아이피스를 쓰는 망원경은 호환성에 있어 제한을 많이 받지."

"제 것은요?"

호성이의 질문에 아저씨는 대답했습니다.

"당연히 31.7mm란다. 아마 네가 이야기한 그 아저씨도 31.7mm 배럴 아이피스를 쓰실 거다."

➡ 아이피스 배럴.
왼쪽 아이피스가 24.5mm
배럴 아이피스이고 오른쪽
아이피스가 31.7mm 배럴
아이피스입니다.

아이피스 배럴 크기

아이피스 배럴이라 하면 아이피스가 망원경에 끼워지는 접안부 부분의 크기를 가리킵니다. 아이피스의 배럴 크기가 망원경별로 똑같다면 어떤 아이피스라도 아무 망원경에나 끼워 사용할 수 있을 것입니다.

먼저 우리나라의 경우 한때 25.4mm를 표준형으로 채택한 적이 있었으나, 이 크기는 호환성에 문제가 있었습니다. 그 때문에 지금은 거의 사라지고 국제 규격으로 통일되어가고 있습니다. 한때 미국과 일본의 아이피스 배럴 크기가 달랐지만 지금은 1.25인치인 31.7mm와 2인치인 50.8mm가 기준이 되었습니다.

요즘 국내에서 시판되는 망원경은 비교적 가격이 싼 망원경은 24.5mm, 가격이 비싼 것은 31.7mm이거나 31.7mm를 쓸 수 있도록 되어 있는 경우가 많습니다.

아이피스를 구입할 때에는 자신의 망원경 아이피스 배럴 크기를 먼저 알아보고 적합한 것을 사야 합니다. 가급적이면 표준형이라 할 수 있는 31.7mm 아이피스를 채택하고 있는 망원경이 좋으며, 대부분의 쓸 만한 망원경들은 이 크기를 채택하고 있습니다.

⭐ 별에 꼬리가 달려 있는 것처럼 보여요 ⭐

포장된 망원경을 받아든 호성이는 신이 났습니다. 오늘부터는 날이 맑은 날만 기다려질 것입니다.

망원경 값을 치르려는데 다른 손님이 가게로 들어왔습니다. 그 손님은 소형 망원경을 가지고 있었습니다.

"아! 또 오셨네요? 그런데 망원경을 가져오신 것을 보니 무언가 고장 났나 보지요?"

주인아저씨와 그 손님은 서로 잘 아는 사이인가 봅니다. 아마 망원경을 사간 지 얼마 안 됐을 거라고 호성이는 생각했습니다.

"얼마 전까지만 해도 별이 잘 보였는데 요즘은 영 시원찮게 보여서 가지고 왔어요. 별에 꼬리가 달린 듯 흐릿하게 보이는 것이… 한번 살펴봐 주세요."

손님이 가져온 망원경은 5인치 뉴턴식 반사망원경이었습니다.

주인아저씨는 망원경의 이곳저곳을 살펴보시기 시작하셨습니다. 호성이도 흥미가 동해 바로 옆에 서서 구경을 했습니다.

"아! 망원경 광축이 틀어졌네요. 반사망원경에서는 종종 있는 일입니다. 여기 나사를 조금 조정해 주면 다시 원래대로 만들 수 있지요."

"광축? 그게 틀어지면 별에 꼬리가 달려 보이나요?"

주인아저씨는 그렇다고 대답해 주셨습니다.

굴절망원경 광축 맞추기

천체망원경의 광축이란 무엇을 의미할까요? 망원경의 광로도 그림을 살펴보면 모든 망원경에서 주경의 중심선상에 아이피스가 위치해 있습니다. 즉, 이 기준 중심선상에 망원경의 주경이 수직으로 위치해야 합니다. 아이피스의 렌즈 또한 정확히 이 중심선에 수직으로 위치해야 합니다.

광축이 맞지 않다면 별에 꼬리가 달려 보이게 됩니다. 초점을 맞추었을 때, 별의 한쪽이 일그러져 보인다거나 초점을 약간 흐렸을 때 동심원이 되지 않는다면 광축이 어긋난 것입니다.

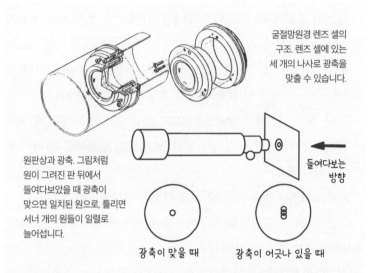

굴절망원경 렌즈 셀의 구조. 렌즈 셀에 있는 세 개의 나사로 광축을 맞출 수 있습니다.

원판상과 광축. 그림처럼 원이 그려진 판 뒤에서 들여다보았을 때 광축이 맞으면 일치된 원으로, 틀리면 서너 개의 원들이 일렬로 늘어섭니다.

들여다보는 방향

광축이 맞을 때

광축이 어긋나 있을 때

　굴절망원경의 경우 60mm 소형 망원경은 광축 조절나사가 없이 처음 제작 시 광축이 맞도록 조정돼 신경을 쓰지 않아도 됩니다. 하지만 좀 더 큰 굴절망원경이라면 반드시 주경 렌즈의 셀 옆에 세 개의 나사가 있어서 광축 조정이 가능하도록 되어 있습니다. 특별한 렌즈 구성 설계를 가진 다군 렌즈 망원경의 경우 광축 조정이 불가하도록 해놓은 경우도 있습니다.

　굴절망원경에서 광축은 어떻게 맞출 수 있을까요? 검은 판에 은박지로 3cm 가량의 작은 동심원을 하나 만듭니다. 이 원판의 중앙에 작은 구멍을 뚫은 다음 망원경 접안부에 조금 뗀 상태로 대고 망원경 안쪽을 들여다봅니다. 이때 망원경의 앞쪽은 빛이 들어가지 않도록 막습니다. 내부를 보면 원판의 상이 서너 개가 어리고 있음을 볼 수 있습니다. 광축이 맞는다면 이 원판의 상은 일치합니다. 그러나 광축이 틀어져 있다면 이 원판의 상은 한쪽 방향으로 일렬로 늘어섭니다.

　그러나 굴절망원경의 경우 광축이 심하게 틀어질 경우가 드물기 때문에 손을 대지 않는 것이 좋습니다.

　슈미트 카세그레인 망원경의 경우도 굴절망원경처럼 광축이 거의 틀어지지 않습니다. 시판하는 슈미트 카세그레인 망원경의 경우 주경 이동 방식의 접안부를 채택하고 있으므로 주경의 광축 조정은 사실상 불가능합니다. 즉, 슈미트 카세그레인식에서는 부경의 광축만 조정하면 됩니다. 부경의 광축은 부경 뒤쪽의 나사를 조정하면 됩니다.

"네, 그렇지요. 한쪽 방향으로만 번져 보입니다. 자, 접안부를 한 번 들여다보세요. 물론 아이피스는 없이 말입니다. 광축이 틀어지면 반사경과 사경의 모습이 원이 아니라 조금 이상하게 보일 겁니다."

손님은 접안부를 잠시 동안 들여다보더니 이해가 되는지 안심하는 표정을 지었습니다. 호성이가 궁금해하며 보고 있자 주인아저씨께서 말씀하셨습니다.

"너도 한 번 보고 싶니?"

"네!"

그렇잖아도 호기심이 동했던 호성이었습니다. 대답하자마자 호성이도 접안부를 들여다보았습니다. 하지만 처음 보는 것이라 무엇이 잘못된 것인지 알 수 없었습니다.

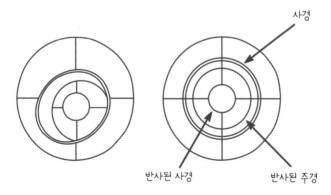

➡ 반사망원경 광축 조정. 접안부에서 보았을 때 모든 것이 동심원을 이루어야 합니다. 왼쪽은 광축이 틀어진 상태이며 오른쪽은 광축이 잘 맞는 상태입니다.

"잘 보렴. 원이 몇 개 보일 거다. 그런데 그 원 중 비켜나가서 보이는 원이 있을 거야."

주인아저씨의 말씀을 듣고 다시 들여다보니 과연 그러했습니다.

"접안부로 들여다보았을 때 사경도 원으로 보이고 반사경도 원으로 보여야 한단다. 또 그 원들은 중심이 일치해서 동심원을 그려야 하지."

접안부를 들여다보고 또 나사를 이리저리 돌리면서 한참 동안 광축을 맞춘 아저씨는 다시 한번 망원경을 보여주셨습니다.

호성이의 눈에 보인 반사망원경의 모습은 조금 전과는 많이 달랐습니다. 접안부로 보았을 때 이번에는 잘 정렬된 원이 가지런히 보였습니다. 그 원의 중앙에는 자신의 눈동자가 거울에 반사되어 보이고 있었습니다. 그런데 참으로 신기하게도 많은 수의 원이 보였습니다. 사경이 그리는 원과 반사경이 그리는 원 두 개만 보일 줄 알았는데, 생각보다 많은 수의 원들이 동심원을 그리고 있었습니다.

잠시 의문에 휩싸여 있는데 주인아저씨의 목소리가 들려왔습니다.

"반사망원경에서는 별이 좀 이상하게 보인다 싶으면 광축이 틀어진 겁니다. 이때 광축을 맞추는 것은 별로 어렵지 않아요."

뉴턴식 반사망원경 광축 맞추기

반사망원경을 사용함에 있어 굴절망원경과 가장 다른 점이라면 바로 이 광축 맞추기 부분입니다. 굴절망원경과 달리 반사망원경은 광축이 쉽게 틀어지기 때문에 자주 광축을 조정해 주어야 합니다.

반사망원경의 광축은 사경을 먼저 맞추어야 합니다. 밝은 곳에서 아이피스를 빼고 망원경 접안부를 들여다보면 사경이 보입니다. 사경의 위치가 접안부의 중앙에 원형으로 나타나 있는지 살펴봅니다. 중앙에 있지 않다면 사경이 잘못 위치되어 있음을 의미하고, 원형이 아니라면 사경이 향하는 방향이 돌아가 있다는 뜻입니다.

레이저 콜리메이터.
광축 조정용 도구입니다.

다. 해당 나사를 찾아서 조정을 한 다음 다시 접안부를 들여다봅니다. 사경이 접안부의 정중앙에 원형으로 보여야 합니다. 구경비가 5보다 작은 반사망원경에서는 사경의 위치가 동심원에서 약간 치우치게 조정됩니다.

그다음에는 주경의 광축을 조정합니다. 주경의 광축이 맞는다면 접안부에서 보았을 때 모든 원이 동심원으로 나타납니다. 이때 접안부에서 보이는 원은 접안부의 끝, 사경, 주경, 경통의 끝과 그 반사상에다 자신의 눈동자까지 보입니다. 동심원이 되지 않는다면 광축이 어긋난 것이므로, 주경의 뒤쪽 반사경 셀 끝부분에 있는 세 개의 나사를 조정해 광축을 조정합니다.

지금까지 각 망원경의 종류별로 광축 조정법을 설명했습니다. 보다 정확히 광축을 맞추기 위해서는 광축 점검을 하기 위한 전문 도구들이 필요합니다. 광축 조정용 아이피스, 체사이어 아이피스 등이 바로 그러한 것들이며, 최근에는 레이저 콜리메이터 등도 판매되고 있습니다.

그 손님이 나가시자 주인아저씨는 호성이를 보며 빙그레 웃음을 지었습니다.

"제 망원경도 광축이 틀어지나요?"

걱정이 된 호성이가 물었습니다. 망원경을 사가지고 갔다가 얼마 안 되어 광축이 틀어진다면 그것도 큰일입니다.

주인아저씨께서는 고개를 저었습니다.

"대부분의 망원경은 광축이 틀어질 수 있단다. 망원경에 충격이 가해지거나, 오래 써서 나사가 풀리거나 하면 그럴 수가 있지. 그렇더라도 굴절망원경의 경우는 정말 드물단다. 반면 반사망원경은 좀 더 흔히 일어나지."

"네! 잘 알겠습니다."

아버지가 값을 치르시는 동안 호성이는 흐뭇한 웃음을 머금으며 내심 중얼거렸습니다.

"두고 봐라. 조만간 도사가 되어서 은하 코를 납작하게 만들어줘야지. 은하야! 기다려라!"

★ 초보자의 경우 천체망원경을 처음부터 바로 구입하는 것보다 관련 지식을 쌓고 실제 관측 경험을 해본 후에 구매하는 것이 좋습니다. 그 이유는 천체망원경에 대한 막연한 환상을 갖는 것을 막고, 구입 후 실망하는 일을 줄여주기 때문입니다.

★ 초보자의 경우 소형 굴절망원경이 무난합니다. 밤하늘의 성운·성단 관측이 목적이라면 반사망원경이나 슈미트 카세그레인 망원경이 좋습니다. 목표하는 관측 대상을 좁혀서 그 대상에 적합한 망원경을 구입하는 것이 좋습니다.

★ 아이피스를 교체하면 천체망원경의 배율이 변화됩니다. 또, 아이피스는 천체망원경 성능의 절반을 차지하며 관측 만족도를 좌우하기도 합니다. 그러므로 좋은 아이피스를 한두 개는 소유하는 것이 좋습니다.

4부

망원경으로
별을 보았더니

✨ 관측 준비를 합니다 ✨

천체망원경을 구입한 호성이는 그날 밤을 뜬눈으로 지새우다시피 했습니다. 별을 보느라고 그랬냐고요? 그것은 아닙니다. 그날 밤은 밤새도록 구름이 오락가락하고 있었습니다. 지금은 밝아졌을까, 지금은 구름이 좀 없어졌을까 창밖만 바라보다 잠도 제대로 잘 수 없었던 거지요.

그 다음날 학교에서 졸다가 또 혼이 났습니다. 그러나 호성이는 그 일에 별로 개의치 않았습니다. 어서 집에 가서 별 볼 생각만 하고 있었습니다.

두 번째 날도 여전히 하늘에는 구름만 가득했습니다. 호성이는 하늘을 쳐다보며 푸념만 했습니다.

'왜 평소에는 맑다가 별을 보려고 하니까 날씨가 흐린 걸까? 이건 은하가 날 시기하기 때문일 거야.'

호성이는 괜히 은하의 이름을 중얼거리며 투덜댔습니다.

 시야 넓히기

관측 준비 순서

천체망원경을 구입하면 매일 맑은 밤이 되기만을 바랄 것입니다. 그렇지만 날이 맑은 날에 비해 흐린 날이 더 많고, 또 맑다고 해도 다른 바쁜 일이 생겨 별을 볼 수 없는 날이 더 많습니다.

그렇다면 평소에 흐린 날 우리는 무엇을 하고 있을까요? 많은 사람들이 망원경에 묻은 번지를 털어내고 반짝반짝 광이 나도록 닦고 기름칠할 것입니다. 값비싼 망원경을 아끼는 마음은 모두가 같기 때문이지요.

그러나 조금 더 생각해보면 관측을 하러 밖으로 나가기 전에 우리가 미리 해두어야 할 것들이 몇 가지 있습니다.

1. 필요 장비 확인

관측을 나가기 전 반드시 해야 할 일이 바로 필요 장비의 확인입니다. 천체망원경이 분해된 채로 보관되어 있다면 망원경의 부속품 중 빠진 것이 없는가 확인합니다. 야외로 나갈 계획이라면 이 일은 더없이 중요해집니다. 가끔 야외 관측지에 도착한 다음에 망원경의 부품을 잊고 가져오지 않았음을 깨닫는 실수가 의외로 많습니다.

평소에 잘 보관하고 있던 관측 장비들을 꺼내어 사전에 나열해봅니다. 직접 조립을 하진 않더라도 머릿속에서나마 한번 조립을 해봅니다. 빠진 장비가 있다면 잘 찾아보고 찾을 수 없다면 다른 방법을 강구하여 해결합니다.

2. 광축 확인

반사망원경일 경우에는 반드시 광축을 점검해보아야 합니다. 광축이 어긋난 채로 관측을 나가게 되면 별이 제대로 보이지 않게 됩니다. 광축의 조정을 밤에 야외에서 하기란 베테랑이 아니라면 매우 어렵습니다. 그러므로 광축 조정은 관측을 나가기 전 대낮에 하는 것이 좋습니다.

3. 먼지 털기

평소에도 천체망원경을 열심히 손질하겠지만 관측 나가기 전에 다시 한번 손질을 합니다. 광학 부품들에 먼지가 묻어 있지 않는지 살펴보고 먼지가 많으면 붓 같은 것으로 살살 털어 냅니다. 수건이나 부드러운 천으로 문지르는 것은 가급적 삼가야 합니다.

천체망원경에는 작은 나사들이 많이 있습니다. 빠진 나사가 없는지 잘 살펴봅니다. 또 나사가 헐거워진 부분이 없는지도 검사합니다. 빠진 나사는 여분의 나사로 채우고 헐거워진 부분은 다시 조여줍니다.

4. 준비물 점검

관측에 필요한 물건들은 매우 많습니다. 천체망원경 이외에도 각종 다양한 것들이 필요합니다. 쌍안경도 가져가야겠지요. 또 밤하늘을 인도해 줄 성도나 책자들도 있어야 할 것입니다.

어두운 밤에 행하는 일이므로 불을 밝힐 수 있는 손전등은 필수입니다. 또 한밤중에는 대단히 춥기 때문에 두꺼운 옷도 준비합니다. 그리고 휴식을 취할 수 있는 따뜻한 물이나 밤참거리도 중요한 준비물일 것입니다.

5. 관측 계획서

사실 가장 중요한 관측 준비물은 오늘 밤 무엇을 볼 것인가 하는 계획입니다. 관측 계획이야말로 체계적이고 효율적인 관측으로 이끄는 필수적인 준비물이라 할 것입니다. 계획 없이 관측을 하게 되면 항상 보던 것들만 또 보게 되어 발전이 없습니다.

"아무래도 오늘은 그냥 자느니 망원경이라도 한번 조립해보고 자야겠다."

호성이는 망원경의 포장재를 열고는 조심스레 망원경을 꺼냈습니다. 흠집 하나 없이 번쩍번쩍 광택이 자르르 흐르는 망원경을 보니 호성이의 마음은 흡족했습니다. 일단 망원경 부품들을 모두 꺼내어 거실에 가지런히 늘어놓았습니다.

경통, 다리, 가대, 미동 손잡이, 파인더, 아이피스, 각종 나사들이 가지런히 놓였습니다.

"자! 이제 조립을 해보자. 조립도가 어디 갔지?"

    포장 꾸러미를 다시 잘 찾아보니 한쪽 구석에서 조립 설명서가 나왔습니다.

    일단 호성이는 차근차근 설명서를 읽어보았습니다. 망원경이 조립된 사진을 옆에 놓아두고 망원경 다리를 집어 들었습니다.

    "이 정도야 식은 죽 먹기지."

    호성이는 망원경 조립을 시작했습니다. 일단 다리를 가지런히 모은 다음 나사를 연결했습니다. 그러자 다리가 세 개 연결되며 안정감 있게 바로 세워졌습니다. 그리고 난 뒤 경위대 가대 본체를 삼각대 위에 올려놓았습니다.

    문제는 그다음이었습니다. 경통을 조립하는 것이 생각처럼 쉽지 않았습니다. 이렇게 저렇게 몇 번을 연결했다가 풀었다가 많은 시간을 소비했습니다.

    "아! 바로 이거야."

몇 번의 실패 끝에 호성이는 조립을 완성했습니다. 조립하고 나니 그렇게 쉬울 수가 없는데 처음에는 왜 그리 어려웠을까요? 마침내 천체망원경이 완성되었습니다. 이제 남은 것은 손잡이를 달고, 파인더를 다는 작업만 남았습니다.

파인더는 경통 끝부분에 끼워지도록 되어 있었습니다. 파인더 지지대에는 한쪽 끝에 고무링이 연결되어 파인더를 지지하고 있었고, 반대쪽 끝부분엔 나사 세 개가 튀어나와 있었습니다. 파인더를 끼우고 나사를 조였습니다.

아이피스도 미리 하나를 접안부에 끼워보았습니다. 그리고 아이피스가 빠지지 않도록 조이는 나사를 돌렸습니다. 이제 망원경 조립

➜ 소형 망원경의 조립. 다리 부분을 먼저 조립하고 경통을 조립합니다.

이 완성된 것입니다.

거실에 세워둔 망원경은 참으로 멋있었습니다. 그냥 보고만 있어도 뿌듯한 마음이 절로 일어났습니다.

"하늘만 맑으면 마음껏 별을 볼 거야."

뉴스에 일기예보가 나왔습니다. 한반도 상공에 구름이 가득 덮여 있었습니다. 하지만 구름의 이동 속도는 매우 빨랐고 한쪽 편엔 맑은 부분이 자리 잡고 있었습니다.

"후후, 다행이다. 내일은 맑다니깐…"

어서 내일이 왔으면 좋겠다는 생각을 하며 호성이는 잠자리에 들었습니다.

망원경 조립하기

천체망원경으로 별을 보기 위해서는 일단 망원경을 조립해야 하겠지요. 관측을 많이 해보았거나 천체망원경에 해박한 지식을 가지고 있는 사람이라면 망원경의 조립이 별다른 문제가 아니겠지만 초보자들에게는 사실 가장 걱정되는 부분입니다.

처음 구입한 사람이라면 천체망원경을 조립하기에 앞서 천체망원경 조립 설명서를 살펴봅니다. 설명서가 없거나, 또는 조립 설명서를 이해하기 어렵다면 망원경이 완전히 조립되어 있는 사진을 참고합니다. 망원경의 조립은 대개 몇 단계로 끝나고 쉽게 되어 있으므로 한두 번 해보면 금세 익숙해집니다.

천체망원경은 가급적이면 평평한 장소에 설치해야 합니다. 또 어느 정도의 공간이 확보되는 곳이 좋습니다. 콘크리트 바닥보다는 잘 다져진 흙밭 위나 잔디밭이 좋습니다.

먼저 망원경의 다리 부분을 세워봅니다. 다리는 대개 세 가닥으로 벌어진 삼각대가 많습니다. 삼각대가 각각 나누어져 있다면 이 다리들을 묶는 것이 첫 번째입니다. 삼각대를 엮어주는 부분은 모두 두 군데입니다. 하나는 다리의 위쪽 부분을 잡아주는 것으로서 망원경의 본체가 올려지는 부분입니다. 두 번째는 다리의 중간에서 다리가 더 벌어지지 않도록 해주는 삼각판이나 연결줄 부분입니다. 대부분의 망원경들은 다리의 중간에 받침대를 두어 아이피스 등을 올려놓기도 합니다.

경위대식일 경우 삼각대의 위치를 어느 방향으로 하든지 전혀 관계없지만, 적도의식이라면 삼각대를 설치할 때 북쪽 방향을 반드시 확인해야 합니다. 삼각대의 다리 셋 중에서 북쪽을 향해야 하는 다리가 반드시 하나 있습니다. 그 다리를 북쪽으로 향하도록 하여 망원경을 설치합니다. 삼각대를 제자리에 위치시켰다면 적도의의 경우 더 이상 땅속으로 들어가지 않도록 미리 발로 망원경 다리들을 꼭꼭 눌러줍니다.

다리가 조립되면 망원경의 본체를 올립니다. 망원경의 본체는 대개 한 덩어리로 되어 있고 분해를 하지 않는 경우가 많습니다. 본체를 올린 다음 마찬가지로 나사를 조여줍니다. 이로써 망원경의 가대 부분이 완전히 조립되었습니다.

적도의식이라면 그다음에 무게 추를 답니다. 추의 봉을 먼저 연결하고 필요한 만큼의 추를 끼워넣습니다. 이때 가급적이면 적경 잠금 나사를 풀어 무게 추가 아래쪽을 향한 채로 작업하는 것이 안전합니다.

이제는 경통을 올릴 차례입니다. 경위대식이라면 대개 경통의 한 부분에 긴 연결대가 있을 것입니다. 이 연결대는 경통의 아래위를 잡아주는 역할을 합니다. 또 좌우로 움직여주는 연결 대가 있을 경우도 있습니다. 각각의 연결대를 망원경 가대의 제 위치에 끼워 넣고 경통을 가대 위에 올려주면 망원경의 조립은 끝이 납니다.

적도의식이라면 경통을 둘러싼 경통 밴드가 있습니다. 먼저 경통 밴드를

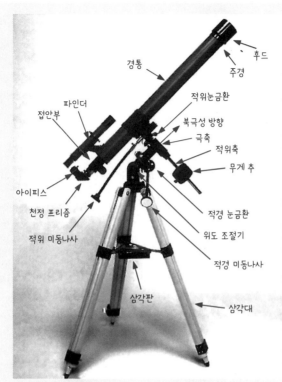

경통
후드
주경
적위눈금환
파인더
접안부
북극성 방향
극축
적위축
무게 추
아이피스
천정 프리즘
적경 눈금환
적위 미동나사
위도 조절기
적경 미동나사
삼각판
삼각대

천체망원경 각 부위 명칭

망원경 본체에 조립하고 그다음에 경통을 올립니다. 조립을 할 때에는 흔들리지 않도록 나사를 튼튼히 조여줍니다.

망원경의 조립이 끝나면 끝마무리를 합니다. 파인더는 제대로 붙어 있는지, 아이피스를 끼우는 부분은 제대로 되어 있는지 검사합니다. 적도의식의 경우에는 추의 위치를 조정해 균형이 맞는지 확인하는 것이 필수입니다. 적경 잠금 나사를 풀고 경통과 무게 추를 양옆으로 위치시켰을 때 움직이지 않고 고정되면 무게 균형이 맞는 것입니다. 균형이 심하게 어긋나면 관측이 어려울 뿐 아니라 고장을 일으키는 원인이 됩니다. 균형을 맞춘 다음, 모터 드라이브 장치가 있다면 전선들을 연결하고 전원도 연결합니다.

이제 망원경의 조립이 끝났습니다.

다행히 이틀 만에 하늘이 깨끗해졌습니다. 아침부터 호성이는 콧노래가 절로 나옵니다. 오늘 밤에는 자신의 망원경으로 첫 관측을 해 볼 수 있을 것이라는 기대감 때문입니다.

수업 시간에 호성이의 생각은 오직 하나였습니다. 빨리 이 수업 시간이 끝나고 집에 가서 별을 보아야 하는데 하는 생각뿐이었습니다. 이처럼 수업 시간에 정신이 없었던 적도 아마 처음일 것입니다.

"호성아, 오늘 너 얼굴이 활짝 피었네? 좋은 일이라도 있니?"

쉬는 시간에 은하가 호성이에게 말을 걸어왔습니다.

"아, 아냐."

호성이는 건성으로 대답하며 씩 웃음을 지었습니다.

"아니긴, 오늘밤 별 볼 생각을 하는 것 같은데? 오늘 날씨가 정말 좋잖아?"

은하는 이미 호성이의 마음을 꿰뚫고 있나 봅니다.

"망원경으로 첫 관측은 해보았니?"

호성이는 고개를 저었습니다.

"그동안 날씨가 맑아줘야 말이지. 망원경이 방구석에서 엉엉 울더라고."

"하하, 그랬구나. 그래서 오늘 밤이 더 기대되겠구나."

은하는 호성이의 마음을 알 수 있었습니다. 꿈에도 그러던 망원경을 사고도 한 번도 별을 보지 못했다니 얼마나 안타까웠을지 짐작이 되고도 남습니다.

"아 참, 은하야. 오늘 같이 볼래?"

은하가 옆에 있다면 분명히 도움이 될 것입니다. 아직 초보자인 호성으로서는 혼자서 제대로 별을 볼 수 있을지 사실 좀 걱정이 되었으니까요. 은하는 웃음을 지으며 고개를 끄덕였습니다.

파인더 맞추기

천체망원경의 조립이 끝나면 바로 관측을 시작할 수 있을까요? 그렇지
는 않습니다. 아직도 몇 가지 해야 할 일이 남아 있습니다.

천체망원경에는 망원경이 목표물을 잘 찾아갈 수 있도록 작은 망원경이
하나 붙어 있습니다. 이 망원경을 파인더라고 합니다. 천체망원경의 관측
준비에서 마지막으로 해야 할 일이 바로 파인더 조정입니다.

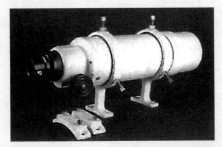

파인더

대낮이라면 멀리 보이는 교회의 십자가나 산꼭대기를 겨눕니다. 밤이라
면 멀리 떨어진 가로등의 등을 겨눕니다. 가로등이 없다면 하늘에 떠 있는
가장 밝은 별을 겨눕니다. 달이나 금성 같은 밝은 대상이 떠 있다면 파인더
조정하기에 매우 좋습니다.

망원경에 가장 저배율의 아이피스를 끼웁니다. 그다음 망원경을 목표한
밝은 대상에 겨눕니다. 저배율이므로 그리 어렵지 않게 목표 대상을 망원경
의 시야 중앙에 넣을 수 있을 것입니다.

이제 파인더를 맞출 차례입니다. 파인더의 십자선 중앙에 망원경의 시야
중심이 보이는 목표물이 보이는지 확인합니다. 대개의 경우 파인더의 한쪽
에 어긋나 위치해 있을 것입니다. 파인더 지지대에 달려 있는 나사를 돌려
목표물이 파인더의 정중앙에 오도록 조정합니다. 파인더 조정 나사는 보통

세 개이거나 때로는 앞뒤로 세 개씩 모두 여섯 개입니다. 목표물이 파인더의 중앙에 오면 파인더가 움직이지 않도록 나사들을 꽉 조여줍니다.

이제 파인더의 중앙에 들어온 목표물은 망원경의 시야에도 동일하게 보입니다.

관측 때에 초보자들이 공통적으로 느끼는 문제는 파인더에 겨누어진 별이 하늘의 어느 별인지 알기 어렵다는 점이 있습니다. 익숙해지면 그냥 느낌만으로도 해결되지만 초보 시절에는 쉬운 문제가 아닙니다. 이때에는 눈에 띄는 특별한 형상을 하고 있는 별무리나, 주변에서 가장 밝은 별을 겨누어봄으로써 해결할 수 있습니다.

파인더에 보이는 모습은 망원경과 마찬가지로 상하좌우가 뒤집혀 보입니다. 하지만 파인더에 보이는 모습은 성도에 그려진 모습과 동일합니다. 성도를 180도 회전시켜 거꾸로 보면 같은 모습으로 보입니다.

고급 파인더 중에는 대상이 똑바로 보이도록 되어 있는 것들도 있습니다. 이를 정립 파인더라고 하지만 가격이 너무 비싸므로 그리 널리 쓰이지 않습니다.

파인더로 목표한 별을 겨눌 때에는 가급적 두 눈을 모두 뜨고 겨누는 것이 좋습니다. 한쪽 눈으로는 파인더를 들여다보고, 다른 쪽 눈으로는 하늘을 동시에 쳐다보면서 겨누는 것이 빨리 익숙해지고, 나중에도 별을 겨누기에 편리합니다.

✨ 달에는 볼 게 정말 많아요 ✨

어둠이 깔리면서 별들이 하나 둘 뜨기 시작했습니다. 하늘 높이 반달이 덩그러니 걸려 있었습니다. 달이 떠 있으면 하늘이 밝아져서 별들이 잘 안 보입니다. 그럼에도 오늘은 상당히 많은 별들이 보이는 것을 보면 날씨가 좋은 날임에 분명합니다.

호성이와 은하는 천체망원경을 꺼내어 집 앞 놀이터에 설치했습니다.

"오늘은 운이 참 좋은 날이야. 반달이 빛나고 있으니까."

호성이가 설치하는 망원경을 이리저리 살펴보며 은하가 말했습니다.

"달이 있으면 별을 보기 어렵다고 들었는데…?"

호성이가 은하에게 물었습니다. 그러면서도 망원경 조립에 신경을 쓰고 있습니다.

"응, 달이 있으면 별을 보기 어렵지. 만일 보름달이 떠 있는 시기가 되면 사실 별 보는 일은 거의 할 수가 없어. 하지만 초보자들에게는 달이 떠 있으면 더 좋아. 별을 보기는 어렵지만 그 대신에 달만이라도 확실히 볼 수 있잖아?"

은하는 호성이에게 달이 천체관측에 미치는 영향에 대해 설명을 하며 고개를 들어 하늘을 쳐다보았습니다. 검은 밤하늘에 환한 빛을

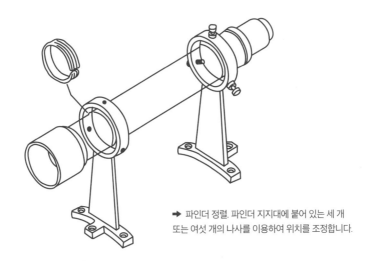

➜ 파인더 정렬. 파인더 지지대에 붙어 있는 세 개 또는 여섯 개의 나사를 이용하여 위치를 조정합니다.

내고 있는 반달이 앙증맞도록 귀엽게 보였습니다.

"조립 다 했다!"

마침내 호성이가 만족스러운 웃음을 지었습니다. 그의 옆에는 망원경이 그 본래의 모습 그대로 우뚝 서 있었습니다.

"파인더도 정렬시켰니?"

은하의 물음에 호성이가 자신의 머리를 쿡 쥐어박았습니다.

"앗! 그거 잊어버렸다. 잠시만!"

처음 관측에 임하는 호성이는 파인더를 주망원경과 정렬시켜야 한다는 사실을 깜박했던 것입니다. 처음이라 파인더 정렬이 쉽게 되지 않았습니다. 시간이 좀 지나면 익숙해질 것입니다. 호성이는 건너편의 가로등을 겨누고 파인더를 맞추었습니다.

망원경에 아이피스를 끼우고 가로등 전구를 들여다보니 참으로 신기하게 보였습니다. 밝은 전등 내부가 눈에 들어왔던 것입니다.

"와아! 가로등 전구 속의 필라멘트가 보인다! 은하야, 이거 좀 봐."

이미 은하는 그런 모습을 많이 보았기 때문에 호성이를 재촉했습니다.

"맞추었으면 빨리 달을 겨누어 봐. 엉뚱한 것에 시간 보내지 말고."

코페르니쿠스

아리스타르코스

케플러

폭풍의 대양

그리말디

가센디

프톨레마이오스

알폰수스

시카르드

직선

월면도. 달에서 볼 만한 큰 지형들은 그림과 같습니다. ◀

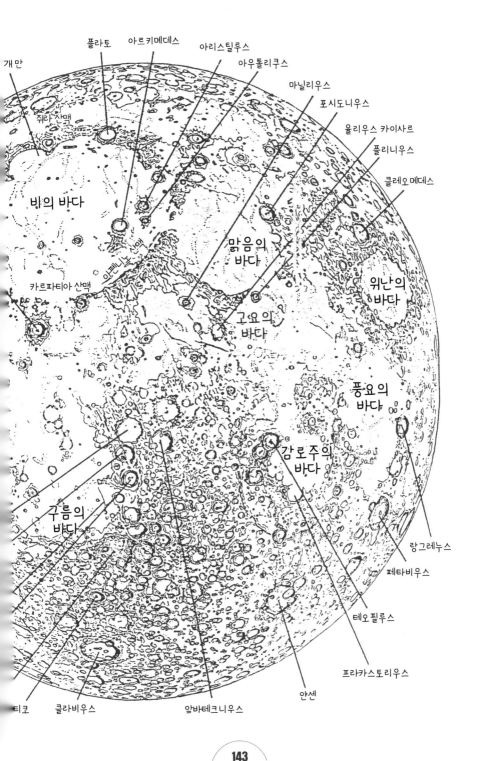

개 만

플라토 아르키메데스

아리스틸루스

아우톨리쿠스

마닐리우스

포시도니우스

율리우스 카이사르

플리니우스

클레오메데스

쥐라 산맥

비의 바다

맑음의
바다

위난의
바다

카르파티아 산맥

아페니노 산맥

고요의
바다

풍요의
바다

감로주의
바다

구름의
바다

랑그레누스

페타비우스

테오필루스

프라카스토리우스

티코 클라비우스 알바테크니우스 얀센

천체망원경을 달로 향했습니다. 그러나 생각만큼 쉽게 겨누어지지 않았습니다. 망원경이 향하고 있는 방향은 달 쪽이 분명한데 파인더에 마저 달이 보이지 않았으니까요.

"어? 이거 만만치 않은데?"

"거봐. 달도 어렵지? 초보자들에게는 의외로 어려운 거야. 하지만 몇 번 해보면 금세 익숙해져. 달에 비하면 별 맞추기가 더 어려워."

은하가 요령을 설명해 주었습니다. 사실 별다른 요령이란 건 없습니다. 그냥 차근차근해보는 수밖에요.

"성공이다! 파인더에 보이는 달은 쌍안경으로 보던 것과 비슷하네!"

드디어 망원경으로 달을 보는 기쁨을 만끽할 차례입니다.

망원경의 아이피스에는 밝은 빛이 렌즈에 어려 있었습니다. 아마 달이 보이고 있을 것입니다. 호성이는 아이피스에 눈을 대었습니다. 매우 밝은 빛이 눈앞에 가득 어렸습니다.

"아!"

잠시 호성이는 아무 말도 할 수 없었습니다. 망원경에 보이는 달은 상상 외로 엄청난 모습이었습니다. 반달이 큼지막하게 보이는데, 달의 곳곳에 움푹움푹 들어간 곰보자국이 보였습니다. 그것도 손에 잡힐 듯 가까이 느껴졌습니다.

은하는 지금 호성이의 기분을 잘 알고 있습니다. 자신이 예전에 처음 망원경으로 달을 보았을 때가 생각났습니다. 아마 그 기분을 호성이도 지금 느끼고 있을 것입니다.

"이것이 달의 진짜 모습이구나…"

호성이의 감탄에 은하가 말을 덧붙였습니다.

"예전엔 미인들을 보고 달덩이 같다고 했지만 요즘엔 그러면 안 돼. 달처럼 생겼다고 하는 건 온 얼굴에 여드름 자국이 가득한 사람을 보고 말하는 거야."

"알았어요. 달처럼 생긴 아가씨!"

호성이가 웃으며 은하에게 한마디 했습니다. 은하가 얼굴을 붉히며 호성이의 등을 몇 차례 두들겼습니다.

아이피스를 바꾸어 끼웠습니다. 항상 망원경으로 천체를 관측할 때에는 처음에 저배율부터 시작해 나중에 고배율이나 다른 적합한 배율로 옮겨갑니다. 고배율 아이피스를 끼우니 망원경에 보이는 달의 모습은 훨씬 더 커졌습니다. 또 달 표면의 여러 지형들이 큼지막이 보였습니다. 자세히 보니 크레이터 내부에 뾰족한 산들이 솟아 있는 모습도 보였습니다. 산의 그림자가 크레이터 바닥에 길게 선명히 새겨져 있었습니다. 지금 저 산에서는 태양이 떠오르고 있을 것입니다.

잠시 은하에게 망원경을 건네준 다음 호성이는 하늘 높이 떠 있는 달을 올려다보았습니다. 저렇게 매끈하게 보이는 달의 모습이 망원경으로는 저렇게 엄청난 모습으로 보인다는 사실에 새삼 감탄했습니다.

호흡을 가다듬은 호성은 다시 망원경을 들여다보았습니다. 조금 더 찬찬히 달의 표면을 살펴나갔습니다. 잠시 그렇게 시간이 흘렀습니다.

 시야 넓히기

초승달에서 볼 만한 대상들

달이 합삭에서 경과한 일자를 월령이라 합니다. 보름달이 대략 15일, 반달은 7일 또는 8일쯤이 됩니다.

달의 표면은 이지러진 부분에서 가장 확실히 볼 수 있기 때문에 모든 월

초승달의 모습

령의 달에서 볼 만한 대상이 각각 달라집니다. 즉 초승달은 초승달대로, 반달은 반달대로, 또 보름달은 보름달대로 볼 만한 대상이 다릅니다. 달에는 소형 망원경으로 볼 만한 대상이 수십만 개 이상이라고 합니다. 엄청나게 많지요? 평생 동안 보아도 다 볼 수 없을 만큼 많은 대상이 있는 곳이 바로 달입니다.

천체망원경으로 월령 4일쯤 되는 달을 들여다봅시다. 이 달에서 우리는 무엇을 보아야 할까요?

초승달에서 가장 눈에 띄는 표면의 무늬는 바로 달의 어두운 바다입니다. 위난의 바다라 불리는 이 바다는 초승달의 서쪽 끝에 어두운 둥근 타원형의 모습으로 나타납니다. 당연히 망원경을 사용하지 않더라도 위난의 바다는 잘 보입니다.

위난의 바다 조금 남쪽에는 풍요의 바다가 있습니다. 이 풍요의 바다는 달 표면 전체 무늬를 토끼로 보았을 때 토끼의 한쪽 귀에 해당하는 지역입니다.

이 무렵 망원경으로 보면 달에는 몇 개의 거대한 크레이터들이 보입니다. 그중 하나인 랑그레누스는 위난의 바다 남쪽, 풍요의 바다 서쪽에 있습니다. 이 크레이터에서는 중앙에 위치한 산의 모습이 특히 눈에 띕니다.

위난의 바다 바로 북쪽에 위치한 클레오메데스 또한 특이한 대상입니다. 클레오메데스에는 그 내부에 서너 개의 높은 산이 존재합니다. 이 크레이터는 그 한쪽 끝이 위난의 바다와 맞닿아 있습니다.

풍요의 바다 남쪽에도 눈에 띄는 크레이터가 하나 있습니다. 바로 페타비우스입니다. 이 크레이터는 중앙에 거대한 산이 존재하는 전형적인 크레이터의 모습입니다.

초승달을 지나 월령 5일 경이 되면 달의 모습은 더욱 다양해집니다. 토끼의 머리 부분에 해당하는 고요의 바다가 본격적으로 그 모습을 드러내니까요.

초승달 때 바라본 달의 지형은 보름달을 조금 지난 후에 다시 볼 수 있습니다.

반달에서 볼 만한 대상들

반달은 초저녁 하늘 높이 떠 있습니다. 반달 무렵 볼 수 있는 달의 영역은 달의 정중앙을 남북으로 가로지르는 영역으로 이 부분은 하현달 때 다시 볼 수 있습니다. 하지만 같은 지형이라도 빛이 비치는 방향에 따라 그 보이는 모습은 생각보다 많이 달라집니다.

반달이 되면 고요의 바다가 완전히 드러나고 뒤를 이어 맑음의 바다가 나타납니다. 또 풍요의 바다 옆으로 감로주의 바다가 보입니다. 반달에서 볼 만한 대표적인 지형들은 맑음의 바다와 감로주의 바다 동쪽 편에 널려 있습니다.

6일가량 된 달에서 눈에 띄는 지역은 감로주의 바다 바로 옆에 있는, 세

반달의 모습

개의 작은 크레이터들이 모인 곳입니다. 이 크레이터들은 북쪽부터 테오 필루스, 키릴루스, 카타리나라고 이름이 붙어 있습니다. 이중 가장 뚜렷한 크레이터 형상을 갖춘 것은 테오필루스입니다. 이 크레이터의 크기는 약 80km 가량 됩니다. 이 크레이터는 중앙의 산이 매우 높고 크레이터의 외벽 이 매우 뚜렷해 좋은 광경을 보여줍니다. 바로 옆의 키릴루스는 테오필루스 에게 그 영역을 상당히 침식당한 모습으로 보입니다. 그 때문에 외벽의 약 3분의 2만이 남아 있습니다. 또 바로 남쪽의 카타리나와 계곡으로 연결되 어 있습니다. 카타리나는 외벽이 뚜렷하지만 중앙부에 산이 없어 편평한 모 습입니다. 그러나 그 바닥은 또 다른 크레이터가 형성되어 있어 다소 복잡 합니다.

8일가량 된 반달에서 가장 눈에 띄는 지형은 달의 중앙부에서 약간 남쪽 에 위치해 일렬로 늘어선 세 개의 크레이터입니다. 가장 북쪽에 위치한 큰 것이 프톨레마이오스, 중앙의 중간 크기 것이 알폰수스, 가장 남쪽의 것이

1. 프톨레마이오스
2. 알폰수스
3. 아르차헬

아르차헬입니다. 프톨레마이오스는 크긴 하지만 바닥이 다소 밋밋한 모습을 한 크레이터입니다. 크레이터 내부에 작은 크레이터들이 몇 개 눈에 뜨입니다. 알폰수스는 중앙에 높은 산이 존재하는 크레이터입니다. 이 알폰수스의 내벽 부근에는 퇴적물이 쌓여 형성된 검은 점들이 존재합니다. 아르차헬은 그 크기가 90km로 알폰수스보다 다소 작습니다. 크레이터 벽들의 형상이 비교적 뚜렷하고 중앙부에 높은 산이 있습니다.

비의 바다 북서쪽 경계를 이루는 지형은 알프스산맥입니다. 알프스산맥은 그리 높은 산들로 이루어져 있지 않으나 산맥을 반으로 가로지르는 거대한 계곡이 있습니다. 이곳은 알프스 계곡이라 불립니다.

비의 바다 남서쪽에는 높은 산들이 줄을 이어 늘어서 있습니다. 달에서 볼 수 있는 가장 멋지고 뚜렷한 이 산맥은 아펜니노 산맥이라는 이름이 붙어 있습니다. 이 산맥에는 5,000m를 넘는 높은 산들도 많으며 그 길이는 450km나 됩니다. 이 산맥의 남쪽 방향은 다소 완만하나 북쪽 부분인 비의 바다 방향은 절벽을 이룬 듯이 보입니다.

아르차헬의 동쪽 지역에는 구름의 바다가 있습니다. 이 구름의 바다에는 바다를 가로지르는 거대한 단층 절벽이 있습니다. 바로 직선의 벽이라는 이름이 붙어 있는 지역으로 실제 크기는 높이 약 400m의 절벽이 약 115km나 이어져 있습니다.

은하는 책을 한 권 꺼냈습니다. 그 책에는 달의 지형에 대해 자세한 설명들이 나와 있었습니다.

"호성아! 그냥 달을 쳐다보는 것도 좋지만 그보다는 책을 찾아보며 살펴보는 것이 더 좋을 거야. 이 책에 보니… 음, 반달 무렵에는 달 중간 부분에 눈에 띄는 크레이터가 세 개 있는데, 그중 가장 큰 것이 프톨레마이오스이고, 그 옆의 것이 알폰수스라고 하는 것이고…"

은하가 책에 나온 달 지도를 보여주었습니다.

그냥 단순히 달을 구경하는 것과 달 지도를 옆에 펼쳐두고 지도에 나와 있는 큰 크레이터들을 하나하나 따라가며 관측하는 것에는 큰 차이가 있었습니다.

"아! 이게 바로 아펜니노 산맥이야. 달에 있는 높은 산들이 줄지어 늘어서 있다는… 뾰족뾰족 솟아오른 산봉우리가 장관이네."

은하가 망원경을 들여다보며 찬사를 보냈습니다. 이미 이전에도 보았던 모습이었지만, 은하로서도 새로운 느낌으로 달의 산맥들이 다가왔습니다.

"저 산들이 백두산보다도 더 높다고? 이야! 신기하다."

호성이는 망원경에서 눈을 떼지 못했습니다. 지금 호성이와 은하가 보고 있는 부분은 달의 표면 비의 바다 남서쪽에 있는 거대한 산맥입니다.

"그건 달에는 물이 없어서 더 높은 것일 뿐이야. 잘 보면 달의 바다 부분도 색깔이 달라 진한 부분도 있고, 연한 부분도 있고… 게다가 계곡 같은 것도 보이거든."

은하는 호성이의 옆에서 열심히 설명을 해주었습니다.

"난 달이 이렇게 재미있을 줄은 꿈에도 몰랐어. 그런데 달의 다른 쪽 부분은 언제 보아야 하지? 지금은 달 중간의 이지러진 부분만 잘 보이는데…."

"달 표면 전부를 한 번 구경하려면 아무리 빨라도 한 달은 걸려. 달의 모습 따라 볼 것이 달라지거든. 2~3일 후에 또다시 달을 보면 달이 달라져 보이지."

이렇게 호성이의 첫 관측은 달이 함께 했습니다.

보름달이 되기 조금 전에 볼 만한 것들

보름달이 다가오면 달의 밝기는 너무나 밝아져서 천체망원경으로 보면 눈이 부실 지경입니다. 이런 경우 달의 밝기를 조금 줄여주는 보조 도구인 문필터를 사용할 수 있습니다.

보름달

문필터는 들어오는 빛의 1/8~1/10 정도만 통과시키는 필터입니다. 달을 관측할 때 눈을 편하게 해주지만 필수 액세서리는 아닙니다.

보름달이 되기 2~3일 전에는 달의 왼쪽 끝부분 지형이 보입니다. 이즈음 가장 두드러진 것은 바로 티코라는 크레이터입니다. 달 남쪽 크레이터 밀집 지역에서 빛나는 티코는 직경 85km 가량의 작은 크레이터로서 그 모습도 평범하지만, 티코에서 뻗어 나온 용암 분출물이 달 전면을 덮고 있어 매우 유명합니다.

티코의 남쪽에는 직경 220km의 거대한 크레이터인 클라비우스가 있습니다. 이 클라비우스 내부에는 또 다른 서너 개의 크레이터가 있으며 외벽이 비교적 뚜렷한 모습을 갖추고 있습니다.

폭풍의 대양 중앙에 자리 잡은 작은 크레이터인 코페르니쿠스 또한 티코와 매우 유사한 점이 많습니다. 그 크기가 거의 동일한데다 용암 분출물이 주변 넓게 영향을 미치고 있습니다. 이 코페르니쿠스는 중앙의 높은 산과 주변의 벽들이 층층이 둘러싸여 있어 장엄한 광경을 연출합니다.

비의 바다 북쪽에는 유달리 깨끗하게 보이는 크레이터가 하나 있습니다. 바로 플라토입니다. 플라토는 알프스산맥의 서쪽 끝에 위치해 있으며 그 모습은 타원형으로 나타납니다. 직경은 90km 가량이며 바닥이 다소 검습니다. 이 바닥에도 주의 깊게 관측해보면 아주 작은 몇 개의 크레이터들이 있습니다.

플라토의 조금 동쪽에는 무지개의 만이 있습니다. 무지개의 만은 절반쯤

코페르니쿠스의 모습

만 남아 있는 크레이터 형상으로 주변에 쥐라 산맥이 위치해 대단히 흥미로운 광경을 소형 망원경에서도 연출해줍니다.

비의 바다 동쪽 끝 부분에는 매우 하얀 작은 크레이터가 하나 있습니다. 바로 흰 반점처럼 보이는 아리스타르코스입니다. 이 아리스타르코스는 직경이 불과 45km밖에 되지 않지만 달에서 빛을 가장 잘 반사하는 부분이기도 합니다. 이 아리스타르코스 동쪽에는 슈뢰터의 계곡이 있습니다. 이 계곡은 규모는 작으나 지형이 매우 복잡해 중요한 관측 대상 중 하나입니다.

보름달이 되면 달 표면의 세세한 부분은 볼 수 없습니다. 망원경으로 보아도 밋밋한 표면만이 눈에 들어옵니다.

보름달은 달의 지형을 전체적으로 확인할 수 있는 기회입니다. 특히 달의 어두운 부분인 바다의 모습을 쉽게 확인할 수 있습니다. 그러므로 달 지형을 익히기에 가장 좋은 시기입니다.

보름달일 때 가장 잘 드러나는 달의 특이 모습은 바로 광조라는 무늬입니다. 보름달을 보면 달의 남쪽 부분에서 달 전면으로 빛살처럼 퍼져나가는 빛줄기를 볼 수 있습니다. 광조의 중심에 있는 빛줄기는 바로 티코라는 크레이터입니다. 광조는 티코에서 약 1,000km 떨어진 곳에까지 나타납니다.

광조를 좀 더 자세히 살펴보면 티코 이외에 동쪽에서 뻗어나가는 또 하나의 좀 더 작은 광조를 볼 수 있습니다. 그 작은 광조는 코페르니쿠스라는 작은 크레이터에서 시작됩니다.

달의 칭동

달은 지구에서 보았을 때 자전주기와 공전주기가 동일한 천체입니다. 즉 스스로 한 바퀴 도는 시간과 지구를 한 바퀴 도는 시간이 정확히 일치합니다. 이것은 우리에게 매우 중요한 점을 시사합니다. 바로 이 때문에 우리는 달의 뒷면을 볼 수가 없습니다. 달은 항상 같은 면 한쪽만을 우리에게 보여주고 있습니다. 초승달 시기에도, 보름달 시기에도 토끼가 그려진 면을 우리에게 향하고 있습니다.

그렇다면 우리는 달의 절반만 정확히 볼 수 있을까요? 그렇지는 않습니다. 달은 지구 주위를 돌면서 조금씩 까딱까딱 스스로 흔들리면서 움직입니다. 이를 어려운 용어로 칭동이라고 합니다.

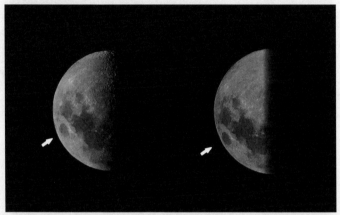

달의 칭동. 화살표가 가리키는 위난의 바다 위치를 비교해봅시다. 위치가 미세하게 변화되었음을 알 수 있습니다.

달이 공전하면서 지구 방향으로 머리를 숙이거나 머리를 뒤로 젖히면 우리는 달의 남쪽과 북쪽을 조금 더 볼 수 있습니다. 달의 동쪽 끝과 서쪽 끝도 마찬가지입니다.

주의 깊은 관측자라면 보름달 때마다 위난의 바다가 달 서쪽 끝에서 얼마나 떨어져 있는지 비교해보시기 바랍니다. 어떤 경우에는 위난의 바다가 가장자리에 바싹 붙어 있지만 다른 때에는 많이 떨어집니다. 의외로 달이 많이 흔들거리며 돌고 있음을 확인할 수 있습니다.

우리는 달의 칭동 때문에 달 표면의 59%를 볼 수 있습니다. 달은 지구에서 조금 멀어졌다가 가까워졌다 하며 돌고 있습니다. 달과 지구 간의 거리는 항상 변화하고 있습니다. 달이 가까워지면 달은 보다 크게 보이고 멀어지면 작게 보입니다. 하지만 추석이나 대보름날 달이 더 가까워지는 것은

달의 크기 비교. 가장 멀리 있을 때의 상현달과 가까이 있는 하현달을 비교해보면 그 크기의 차가 매우 크다는 것을 알 수 있습니다.

아닙니다. 달의 관측은 달의 이런 시기를 감안한다면 더욱 볼거리가 많아집니다.

★ 저녁 하늘에 밝은 별이 보이네요 ★

매주 수요일 마지막 시간은 특별활동 시간입니다. 이때는 각자 소속된 특별활동반에서 시간을 보냅니다. 특별활동 시간에는 그동안 자신들이 공부해온 것을 발표하고 토론합니다. 또 방과 후에 직접 천체관측 시간을 만들기도 합니다. 가끔 천체관측반 담당 선생님께서

참관하시기도 하지만, 대부분의 활동은 학생들이 자율적으로 해나가고 있습니다.

호성이는 천체관측반 시간이 무척 즐겁습니다. 하고 싶은 것을 배운다는 사실이 무엇보다 즐거웠습니다. 거기다 은하랑 같이 있을 수 있으니 그 또한 즐거움이었습니다. 같은 반이라도 앉는 자리가 떨어져 있어서 함께 하는 시간이 많지 않았는데, 특별활동 시간에는 바로 옆자리에 앉을 수 있으니까요.

오늘은 요즘 볼 수 있는 행성들이란 주제로 2학년의 한 선배 학생이 발표를 했습니다. 그 대부분의 내용들은 호성이에게 무척 어려웠습니다. 왜냐하면 아직 호성이는 한 번도 행성을 망원경으로 본 적이 없기 때문입니다. 그렇지만 옆자리의 은하는 모든 것을 다 알고 있는지 고개를 끄덕이며 진지하게 설명을 듣고 있었습니다.

"요즘에는 금성과 목성을 초저녁에 볼 수 있습니다. 금성은 서쪽 하늘에서 매우 밝은 별처럼 떠 있습니다. 목성은 저녁에 하늘 높이 떠 있습니다. 금성보다는 좀 어둡지만 다른 별에 비해서는 월등히 밝습니다."

발표자의 발표가 끝나자 한 학생이 질문을 했습니다.

"그 별이 금성인지 목성인지 어떻게 알 수 있습니까? 또 금성은 항상 서쪽 하늘에서만 보이나요?"

질문을 한 학생은 1학년이었습니다. 호성이도 비슷한 의문을 품고 있었습니다. 어떻게 그 별이 행성인지 알 수 있는 걸까요?

발표자가 대답을 했습니다.

"행성은 항상 움직입니다. 지금 서쪽에 금성이 있다고 해서 몇 달 뒤에도 그 자리에 있는 것은 아닙니다. 그렇지만 밤하늘을 자주 쳐다보는 사람이라면 행성을 잘 알아봅니다. 왜냐하면 별자리에 소속된 별이 아닌 것이 밤하늘에 떠 있기 때문이지요."

또 다른 한 학생이 질문을 했습니다.

"행성이 하늘을 움직인다고 하는데, 보고 있는 중에도 막 움직이나요?"

"하하하…."

한바탕 웃음이 일어났습니다. 사실 웃을 만한 질문은 아니었습니다. 누구나 그런 의문을 품고 있습니다. 예전에 혜성이 나타났다고 하니까 비행기처럼 휙 지나가는 것인 줄 알았다는 사람들이 대부분이었으니까요.

"그렇지는 않습니다. 오늘 밤과 내일 밤 사이에는 그냥 고정되어 있는 것처럼 보입니다. 하지만 며칠 지나면 움직임이 느껴지지요."

호성이도 의문점이 몇 가지 있었습니다. 질문을 할까 말까 망설이다가 그만두었습니다. 괜히 웃음거리가 될지도 모른다는 생각이 들었기 때문입니다.

"은하야, 넌 질문 안 해?"

호성이가 은하에게 나직한 목소리로 물었습니다. 은하는 고개를 저었습니다.

발표가 끝나자 천체관측 반장인 김준이 앞으로 나가 끝을 맺었습니다.

"오늘 오후에는 천체관측이 있습니다. 오늘 발표했던 금성과 목성을 실제로 망원경을 통해 볼 예정이니까 한 사람도 빠지지 말고 참여하기 바랍니다."

서쪽에 빨간 노을이 점차 사라질 때쯤 하늘에 밝은 별이 하나 나타났습니다. 그 별은 아직 완전히 어두워지지 아니한 하늘임에도 밝기가 수그러들지 않았습니다. 그 빛나는 별 아래 10여 명의 학생들이 모여 별을 보고 있습니다.

"자! 학교에 있는 이 망원경은 어떤 망원경인지 아는 사람?

김준이 1학년들을 향해 물었습니다.

"반사망원경이에요."

한 무리의 학생들이 큰 소리로 대답을 했습니다. 물론 그 안에는 호성이와 은하도 끼어 있었습니다.

"맞아요. 우리 망원경은 150mm의 뉴턴식 반사망원경입니다. 오늘은 이 망원경으로 행성을 관측할 것입니다. 저기 서쪽 하늘에 떠 있는 밝은 별이 금성인데, 모두 보이시죠?"

➜ 저녁 하늘의 금성.
달과 밝은 금성이 함께 빛나고 있습니다.

➜ 금성의 이지러진 모습

김준이 밝은 별을 손으로 가리켰습니다. 역시 금성의 빛은 매우 밝았습니다. 누가 보아도 다른 별들과는 확연히 구분될 만큼 밝은 빛을 띄고 있습니다.

"저 금성을 모든 1학년들이 돌아가면서 직접 망원경을 조작해서 한 번씩 관측을 해보겠습니다. 처음 해볼 사람?"

"저요!"

한 학생이 앞으로 나가며 소리쳤습니다. 그 학생은 2학년들의 도움을 받으며 몇 번 하늘을 겨누는 작업을 반복하더니 마침내 금성을 망원경 시야에 넣었습니다.

잠시 후 호성이 차례가 왔습니다.

이미 자신의 망원경으로 달을 겨누어본 경험이 있는 호성이었던지라 다른 학생들보다 빠른 시간 내에 맞출 수 있었습니다. 하지만 역시 달과 별은 차원이 달랐습니다. 달은 대충 맞추어도 손쉽게 파인더에 들어왔는데 별은 그렇지 않았습니다.

금성을 맞춘 다음 망원경에 눈을 대었을 때 호성은 작은 초승달이 보이는 것을 보고 깜짝 놀랐습니다. 그 초승달은 새하얀 송편처럼 부드럽게 빛을 내고 있었습니다. 매우 작았지만 참으로 깜찍한 모습이었습니다.

"어? 금성이 달처럼 이지러져 보이는데요?"

호성이 물어보자 김준이 고개를 끄덕였습니다.

"금성은 지구보다 안쪽을 돌기 때문에 달처럼 모양이 변한단다. 또 지구에 가까이 있을 때와 멀리 있을 때가 있어서 그 크기도 많이 변하지."

"아! 그렇구나."

호성이 다음엔 은하였습니다.

은하는 아주 손쉽게 금성을 겨누었습니다. 역시나 많이 해본 솜씨였습니다.

"은하는 역시 잘하는구나. 관측을 많이 하나 보지?"

김준이 은하에게 미소를 띠며 이야기했습니다.

"금성은 많이 보았어요. 아버지께서 가끔 보여주시거든요."

1학년들이 모두 돌아가며 금성을 관측한 다음에야 금성 관측은 끝이 났습니다.

내행성의 최대이각

태양계에는 모두 아홉 개의 행성이 태양 주변을 돌고 있습니다. 이 중에서 지구보다 안쪽에 있는 수성, 금성을 내행성이라 하고, 지구 바깥쪽을 돌고 있는 화성, 목성 등을 외행성이라고 합니다. 내행성과 외행성은 천구상에서의 움직임이 다릅니다.

내행성은 지구 안쪽에 있으므로 태양에서 멀리 떨어질 수 없습니다. 그러므로 수성이나 금성이 한밤중에 나타나는 경우란 있을 수가 없답니다. 수성과 금성은 지구에서 보았을 때 항상 태양 부근에만 있습니다. 즉, 해진 후 서쪽 하늘에 보이거나 해 뜨기 전 동쪽 하늘에서만 보입니다.

수성은 태양에 가장 가까이 돌고 있는 행성입니다. 지구에서 보았을 때 수성은 태양에서 27도 이상을 벗어날 수 없습니다. 지구에서 보았을 때 태양을 기준으로 내행성이 서쪽 방향으로 가장 멀리 떨어져 있을 때를 서방 최대이각이라 합니다. 반대로 태양의 동쪽으로 가장 멀리 떨어져 있으면 동방 최대이각이라고 합니다.

서방 최대이각일 경우를 생각해보면 수성은 태양의 서쪽에 위치합니다. 태양보다 더 서쪽에 위치하므로 태양보다 먼저 지고 또 먼저 떠오릅니다. 즉, 서방 최대이각 때는 새벽하늘 태양이 뜨기 전 동쪽 하늘에서 수성을 볼 수가 있습니다. 반대로 동방 최대이각이 되면 저녁 무렵 서쪽 하늘에서 수성을 볼 수 있습니다.

수성은 매우 보기 어려운 대상입니다. 수성을 보려면 최대이각을 전후한 며칠 동안 사전에 계획을 세워 관측을 행해야만이 가능합니다. 수성을 볼 수 있는 시기는 평균적으로 일 년에 서쪽 하늘에서 세 번, 동쪽 하늘에서 세 번가량 있습니다.

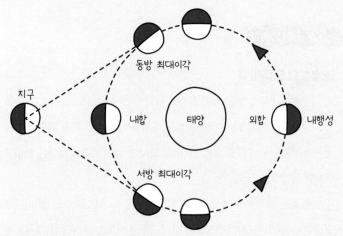

내행성의 운동. 내행성은 내합, 서방 최대이각, 외합, 동방 최대이각을 반복하며 움직입니다. 최대이각을 전후하여 최고의 관측조건을 제공합니다.

금성도 그 기본 운동은 수성과 동일합니다. 하지만 수성에 비해 태양에서 상대적으로 멀리 떨어져 있으므로 훨씬 보기 편합니다. 금성은 최대이각 때에 태양에서 최대 47도나 떨어질 수 있습니다. 이 시기에 가장 하늘 높이 떠오르며 밝을 때는 무려 −4.6등급에 달합니다.

금성의 위상 변화

금성은 태양에서 두 번째로 가까운 천체입니다. 또 지구의 입장에서 보면 달을 제외하고 가장 가까운 천체이기도 합니다. 그렇기 때문에 금성은 태양과 달을 제외하면 전 하늘에서 가장 밝습니다. 만일 여러분들이 저녁 하늘이나 새벽하늘에서 유난히 밝은 별을 하나 보았다면 금성일 확률이 대단히 높습니다.

금성은 내행성이므로 천구상에서의 움직임은 수성과 비슷합니다. 금성이 태양 주변을 돌다 보면 지구에서 보았을 때 태양 뒤편으로 숨어버리는 경우가 발생합니다. 이를 외합이라고 합니다. 반대로 금성이 지구와 태양 그 사이에 위치하는 경우도 생깁니다. 이 시기에도 마찬가지로 태양 때문에 우리는 금성을 볼 수가 없습니다. 이 시기를 내합이라고 합니다.

내합이 되면 금성은 둥근 원판 모양으로 보이겠지만, 지구를 바라보는 쪽이 태양빛을 거의 받지 못하기 때문에 금성은 보이지 않습니다. 그로부터 며칠이 지나 금성이 태양을 중심으로 조금 공전하면 금성은 태양의 서쪽에 위치합니다. 즉, 금성은 새벽 동쪽 하늘에서 그 모습을 드러냅니다. 새벽 동쪽 하늘에 떠 있는 금성을 잘 살펴보면 흡사 그믐달처럼 보입니다.

시간이 흐르면 금성은 점점 새벽 시간에 하늘 높이 떠오릅니다. 반면 금성의 시직경은 점점 작아집니다. 하늘 가장 높이 떠오를 때가 바로 서방 최

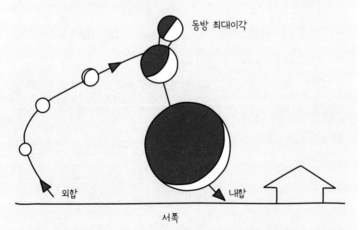

하늘에서 금성의 움직임과 위상 변화. 1999년 상반기 서쪽 하늘에서 금성의 모습입니다. 외합에서 하늘에서 가장 높이 떠오르는 동방 최대이각. 내합으로 이동하면서 금성의 고도와 크기 및 위상 변화를 비교할 수 있습니다.

대이각 시기입니다. 망원경으로 보면 최대이각일 때 금성은 반달처럼 보입니다. 즉, 하현달 모양이지요.

최대이각을 지나면 다시 금성은 고도가 낮아집니다. 또 밝기도 매우 미세하나마 어두워지기 시작합니다. 금성의 모습은 반달보다 조금 더 부풀어 오른 모습으로 보입니다. 그뿐만 아니라 그 크기도 더욱 작아집니다. 왜냐고요? 상대적으로 지구에서 멀어지기 때문이랍니다.

그러다가 금성은 점차 태양에 접근하며 사라집니다. 즉, 외합이 된 것이지요. 그로부터 얼마가 지나면 이번에는 금성이 지구에서 보았을 때 태양의 동쪽에 위치합니다. 그리고 금성의 모습은 초저녁 서쪽 하늘에서 볼 수 있습니다.

처음 보이는 금성의 모습은 원형에 가까운 모습에 그 크기도 매우 작습니다. 그러나 점차 하늘 높이 떠오르면서 금성은 반달 모습에 가까워질 뿐 아니라 밝기도 증가합니다. 금성이 서쪽 하늘에서 가장 높이 떠올랐을 무렵을 동방 최대이각이라 합니다. 이때의 금성은 밝기도 매우 밝고 그 모습도 상현달과 같습니다.

이 시기가 지나면 다시 금성의 고도는 낮아집니다. 금성은 동방 최대이각 지점을 지나 내합으로 움직입니다. 금성의 크기는 점점 커지고 그 모습은 점차 초승달의 모습으로 변해갑니다.

그리고 얼마 뒤 금성은 다시 지평선 아래로 사라집니다. 바로 금성이 보이지 않는 내합이 된 것입니다. 이처럼 금성은 그 위치에 따라 크기와 모양이 달라집니다. 이를 금성의 위상 변화라 합니다.

✨ 저기 밝은 별이 목성인가요? ✨

이제 목성을 관측할 차례입니다. 목성은 하늘 높이 빛을 내고 있었습니다. 도심의 밤하늘이었지만 밝은 행성들과 밝은 별들 몇몇은 알아보기에 그리 어렵지 않았습니다.

"목성은 대표적인 행성입니다. 또 우리가 가장 자주 관측하는 행성이기도 합니다. 그것은 다른 행성에 비해 관측 시기가 매우 길고 소형 망원경에서도 비교적 잘 보이기 때문입니다."

김준의 설명이 이어졌습니다.

"목성을 관측하기 가장 좋을 때는 목성이 충의 위치에 있을 무렵입니다."

"충이 뭐예요?"

호성이가 물었습니다. 호성으로선 아직 충衝(마주보기)이란 낱말을 배운 기억이 없었습니다.

"충이란, 행성이 지구를 기준으로 태양의 정반대 편에 위치할 때를 말합니다. 행성이 충의 위치에 오면 한밤중에 남중을 하고요. 음… 남중이란 말이 또 어렵지요?"

"네!"

호성이를 비롯한 1학년 학생들이 대답했습니다.

"남중이란 어떤 천체가 정남에 위치할 때를 이야기합니다. 하늘에서 하늘 꼭대기를 천정이라 부르고, 여기서 정남 쪽을 향해 그은 가상의 선을 자오선이라고 하는데…"

설명을 하면서 김준은 하늘 위를 가리켰다가 남쪽 지평선을 향해 선을 그려 보였습니다. 자오선을 그려 보이는 것입니다.

어떤 별이 그 자오선에 위치해 있을 때를 남중이라고 합니다. 만일 그 별이 자정 시각에 정확히 남중한다면 그 별은 태양의 정반대

편에 있다고 할 수 있습니다. 왜냐하면 밤 12시에 태양이 정확히 땅 아래쪽에 있을 테니까요. 즉, 행성이 태양의 정반대편에 있다면 밤 12시에 자오선을 통과하고, 남중을 하게 되며, 이때 행성의 위치를 충이라고 합니다.

김준은 목성을 가리켰습니다.

"사실 지금은 목성의 최적 관측 시기를 두 달가량 넘어선 때입니다. 하지만 그래도 목성은 볼 만합니다. 오늘은 목성의 위성이 어떻게 보이는지, 또 목성 표면은 어떻게 보이는지 잘 살펴보기로 합시다."

이번에는 2학년들이 미리 목성을 맞추어 주고 1학년들은 뒤쪽에 줄을 서서 관측을 시작했습니다. 목성의 관측은 6mm 아이피스를 끼

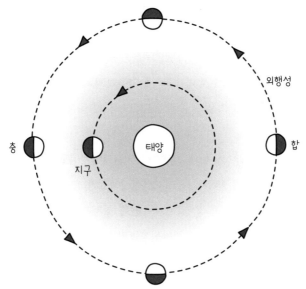

➡ 외행성의 움직임. 외행성이 지구와 가장 가까이 위치하는 때를 충이라고 하고, 가장 멀어지는 때를 합이라고 합니다.

워서 고배율로 관측했습니다. 150mm에 구경비 6인 망원경이었으므로 배율은 150배가 됩니다. 행성 관측은 고배율이 필요하니까요.

목성의 움직임과 충

　태양계 내에서 가장 큰 행성인 목성은 그 밝기와 크기 때문에 많은 아마추어들의 흥미를 끕니다.

　목성과 태양 사이에 지구가 위치할 때를 충이라고 합니다. 즉, 충일 때 목성은 지구에 가장 가까워집니다. 반대로 지구에서 보았을 때 목성이 태양 반대편에 위치할 때를 합슴이라고 합니다. 합의 위치에 목성이 있다면 목성은 태양 때문에 보이지 않습니다. 우리가 관측을 하게 되는 시기는 바로 충의 위치에 있을 무렵인 몇 달 동안입니다.

목성은 지구에 비해 매우 천천히 태양 주위를 돌고 있습니다. 지구가 충의 위치를 지난 후 약 일 년 뒤가 되면 목성은 원래의 위치보다 약간 앞으로 전진해 있습니다. 그러므로 다시 충이 되기 위해서 지구는 조금 더 태양 주변을 돌아야 합니다. 즉 일 년 한 달 정도마다 지구와 목성은 충의 위치에 다다릅니다.

2000년대 초 목성은 늦가을 무렵부터 겨울에 걸쳐 충을 맞이합니다. 충이 되면 목성은 가장 밝아져서 무려 −2.9등급에 달합니다.

목성은 충을 전후한 석 달에 걸쳐 관측 호기가 도래하므로 우리는 2000년대 초에는 가을과 겨울철에 목성을 볼 수 있습니다. 반면 이 시기 동

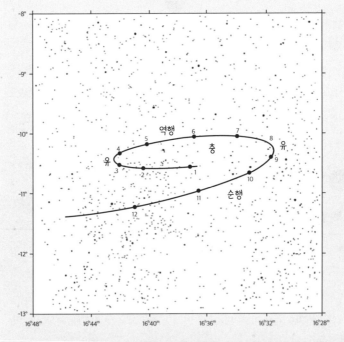

천구상에서 외행성의 움직임. 1999년 명왕성의 움직임입니다. 다른 외행성들도 비슷한 운동을 합니다. 왼쪽으로 움직이는 것을 순행, 오른쪽으로 움직이는 것을 역행이라 합니다. 외행성은 순행, 유, 역행, 유, 순행을 반복합니다.

안 봄과 여름철에는 목성을 보기 어렵습니다.

목성은 태양, 달, 금성을 제외하고 하늘에서 가장 밝기 때문에 이 무렵 밤 하늘 높이 밝은 노란색 별이 떠올라 있다면 대개의 경우 목성이라 할 수 있습니다.

몇 명의 학생들이 지나간 뒤 호성의 차례가 되었습니다.

호성은 망원경을 들여다보았습니다. 보는 순간 호성은 깜짝 놀랐습니다. 시야에 아주 작은 동그란 원형의 목성이 보였기 때문입니다.

"앗, 생각보다 무척 작네요?"

바로 뒤에 서 있던 은하가 한바탕 웃음을 터뜨렸습니다.

"하하! 처음 보는 사람들은 다 그렇게 말해. 하지만 그것도 놀라운 거야. 목성은 지구에서 매우 멀리 떨어져 있잖아? 그렇게 멀리 떨어져 있어서 우리 눈에는 그냥 아주 작은 점으로만 보이던 것이 망원경에서 그 정도의 크기로라도 보인다고 생각하면…."

은하의 이야기를 들으며 호성이는 다시 찬찬히 망원경을 들여다보았습니다.

작은 노란색 원판형으로 성냥 머리보다 작은 크기의 목성이 귀엽게 보였습니다. 망원경에 보이는 목성은 매우 작았지만 호성은 열심히 들여다보았습니다.

호성의 눈에 목성 주변에 나란히 늘어서 있는 세 개의 별이 들어왔습니다.

"옆에 있는 별들은 뭐예요?"

"그건 목성의 위성이란다. 갈릴레이가 발견한 네 개의 위성이야."

"아…! 목성의 달이라…."

그것은 새로운 느낌이었습니다. 과거에 갈릴레이는 목성의 주변에 위성이 있음을 보고 여기에 또 다른 태양계가 있다고 감탄을 했다고 합니다. 비슷한 기분이 호성이에게도 느껴졌습니다.

"전, 위성이 빙글빙글 돌아가고 있을 줄 알았는데 그건 아니네요."

위성은 며칠에 걸쳐 목성 주위를 한 바퀴 돌고 있기 때문에 우리가 보고 있는 순간 돌아가는 것이 보이진 않습니다.

"위성이 몇 개 보이니?"

은하가 물었습니다.

"세 개… 아참 이상하다? 갈릴레이 위성은 네 개라고 들었는데? 하나는 왜 안 보이지?"

호성이의 중얼거림에 관측 모습을 지켜보던 김준이 대답해 주었습니다.

"그건 위성 하나가 목성 뒤쪽에 있기 때문이야. 즉, 목성에 가려서 안 보이는 거지. 항상 네 개가 다 보인다고 할 수는 없어."

 시야 넓히기

목성의 4대 위성

대부분의 행성들은 자신의 주변을 돌고 있는 달, 바로 위성들을 가지고 있습니다. 지구 주위를 돌고 있는 달도 위성입니다. 달을 제외하고 소형 망원경으로 가장 관측하기 쉬운 위성은 바로 목성에 있는 4대 위성입니다. 목성의 여러 위성 중 가장 큰 위성 네 개를 4대 위성이라 합니다. 이 위성들은 갈릴레이가 최초로 발견했기 때문에 갈릴레이 위성이라고도 합니다.

4대 위성을 순서대로 나열해보면 이오, 유로파, 가니메데, 칼리스토입니다. 이오는 1일 18시간 유로파는 3일 13시간, 가니메데는 7일 4시간, 칼리스토는 16일 17시간 걸려 목성을 한 바퀴 공전합니다.

아마추어들의 작은 망원경으로도 이 위성 네 개를 볼 수 있지만, 주의

할 것은 이 위성들이 항상 목성에서 가장 가까운 것이 이오, 그다음이 유로파… 이런 식으로 배치되어 있는 것이 아니라는 점입니다. 위성들은 목성 주위를 돌고 있기 때문에 지구에서 볼 때 가장 먼 위성일지라도 때로는 가장 가까이 있는 것처럼 보일 수 있고, 반대로 가장 가까운 위성일지라도 가장 멀리 떨어져 보일 수 있습니다. 또 어떤 위성들은 목성 뒤편으로 숨어서 보이지 않기도 합니다.

그러므로 어느 위성에 어떤 이름이 붙어 있는지를 알아보려면 며칠을 연속으로 관측하여 그 움직임을 살펴보거나 아니면 목성의 위치가 표시되어 있는 역서나 연감을 찾아보아야 합니다. 또는 천문 프로그램으로 계산을 해보아도 간단히 알 수 있습니다.

목성의 위성. 목성 바로 옆에 있는 별들이 바로 위성입니다.

4대 위성의 여러 현상

목성의 위성을 관측하는 아마추어들은 위성을 보았다는 정도에서 그치지 않고 좀 더 본격적인 관측을 해볼 수 있습니다. 목성에는 위성에 의해 나타나는 재미있는 현상들이 있습니다. 이를 목성 위성의 4대 현상이라 합니다. 위성의 4대 현상을 나열해보면 경(transit), 영(shadow), 식(eclipse), 엄

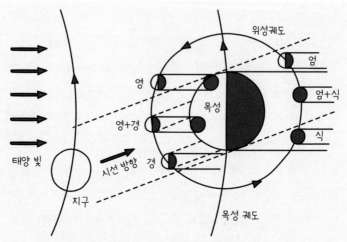

위성의 4대 현상. 위성은 목성 주위를 돌면서 여러 현상을 만들어냅니다.

(occultation)으로, 총 네 가지입니다.

경은 목성의 위성이 목성 표면에서 보이는 것을 말합니다. 우리의 시선 방향을 기준으로 위성이 목성의 앞에 위치해 있기 때문에 위성과 목성이 겹쳐 보이는 현상입니다. 경 현상이 일어나면 우리는 목성 표면에서 밝은 점으로 나타나는 위성을 관측할 수 있습니다. 경 현상은 위성이 목성의 가장자리에 있으면 관측이 용이하고 그렇지 않으면 다소 어렵습니다. 목성의 위성과 목성 표면의 밝기 차이가 그리 크지 않고 색깔도 비슷하기 때문입니다.

영은 4대 현상 중에서 가장 흥미로운 현상입니다. 목성의 앞에 위성이 위치해 있으면 태양빛에 의해 위성의 그림자가 생기게 됩니다. 이를 바로 영 현상이라 합니다.

영이 일어나면 우리는 목성 표면에서 작은 검은 반점 하나가 천천히 이동해 가는 것을 볼 수 있습니다. 이 그림자는 생각보다 매우 진하지만, 처음 관측하는 사람은 그림자가 너무나 작기 때문에 잘 구별하지 못할 수 있습니다. 흥미롭게도 항상 경과 영 현상이 동시에 일어나는 것은 아닙니다. 그 이

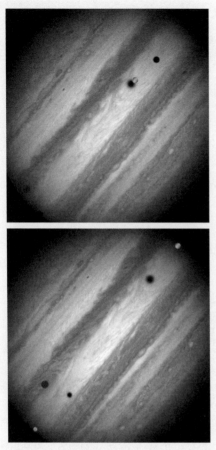

목성의 영 현상.
표면의 검은 반점이 위성 그림자
입니다.

유는 목성에서 볼 때의 태양 방향과 지구 방향이 목성 공전 위치에 따라 변
화하기 때문입니다.

식 현상은 다른 천체들에서 이야기하는 식과 개념이 동일합니다. 위성이
목성 뒤편에 위치하여 우리의 눈에 보이지 않게 되는 현상입니다. 보다 정
확히 말하면 위성이 목성 그림자에 들어가 태양빛을 반사하지 못하기 때문
에 보이지 않는 현상입니다.

엄 현상도 식과 동일하게 위성이 목성 뒤편에 위치하여 우리의 눈에 보
이지 않는 현상입니다. 그러나 이 엄이야말로 지구에서 바라볼 때 목성에

가려 위성이 보이지 않는 현상을 이야기하는 것입니다. 엄 위치에 있으면서 식이 아닐 경우라면 위성이 태양빛에 의해 빛나고 있더라도 단지 우리의 시선 방향에 목성이 위치해 있어 그 위성을 볼 수 없는 경우를 뜻합니다.

우리의 흥미를 돋우는 현상은 이 네 현상 중에서 영과 경 현상입니다. 식과 엄 현상은 위성이 보이지 않는 것이니까 흥미가 없습니다.

이 4대 현상 외에도 목성 위성들 서로 간에 식을 일으키는 위성 상호식도 있습니다.

호성은 목성 관측을 끝내고 뒤로 물러났습니다. 그다음은 은하 차례입니다.

은하는 허리를 굽히고 망원경을 들여다보았습니다.

한참 조용히 쳐다보던 은하가 김준에게 말했습니다.

"준 오빠! 목성이 생각보다 잘 보이네요? 줄무늬가 갈래갈래 보이는 것이… 전 반사망원경으로 이만큼 보이는 것은 처음이에요."

은하의 말을 듣던 김준이 놀라 대답했습니다.

"은하는 관측 경험이 많은가 보구나. 난 굴절망원경으로는 별로 못 보았어. 학교 망원경만 항상 쓰다 보니 다른 망원경으로는 어떤지 잘 몰라."

망원경으로 뚫어져라 관측하던 은하가 갑자기 소리를 높였습니다.

"오빠! 목성 표면에 까만 점이 하나 보여요. 제 생각에는 위성 그림자가 아닐까 하는 느낌이 드는데요?"

"어? 그래? 어디….'

은하의 흥분된 목소리에 김준이 망원경을 들여다보았습니다. 잠시 숨을 죽이며 살펴보던 김준이 흥분된 목소리로 말했습니다.

"그래. 그런 것 같아. 점의 모습으로 보아 위성의 그림자가 맞아.

즉, 영 현상이 일어나고 있는 거야."

호성으로서는 전혀 모르는 이야기였습니다.

"무슨 말이지?"

그가 은하에게 묻자 은하가 대답해 주었습니다.

"목성의 위성이 목성 앞쪽을 지나면 태양빛에 의해 그림자가 목성에 생기는 경우가 있어. 위성의 위치와 그림자의 위치는 항상 같은 것은 아니고 지구와의 상대적인 위치 관계에 따라 변하는데… 하여간 그림자가 생기면 밝은 목성 표면에서 까만 점으로 보이지."

언뜻 들어보니 그럴 것 같기도 했습니다.

"어디 저도 좀 봐요!"

호성이의 말에 김준이 자리를 비켜주었습니다. 호성은 뚫어져라 목성 표면을 보았지만 목성을 가로지르는 어두운 줄무늬 두 개를 제외하고는 별다른 것이 보이지 않았습니다.

"어? 난 안 보이는데?"

"영 현상 같은 것은 매우 작아서 보기가 쉬운 것이 아냐. 처음에는 어렵단다. 하지만 조금 익숙해지면 잘 보이지. 너도 관측 경험이 쌓여 아마 1학년 말쯤 되면 쉽게 보일 거야."

호성으로서는 이해할 수가 없었습니다. 저 작은 목성 표면에서 또 뭐가 보인다는 것일까요? 하지만 오래지 않아 호성 본인도 볼 수 있을 날이 올 것입니다. 그때까지는 열심히 하는 수밖에 없겠지요.

시야 넓히기

목성의 대적반과 줄무늬

목성은 태양계에서 가장 큰 행성이기 때문에 소형 망원경에서 실로 다양한 모습을 보여줍니다. 망원경으로 처음 본 목성의 모습은 깨알만큼 작

목성의 대적반. 목성의 대적반은 중심보다 약간 남쪽에 위치합니다.

아서 모두 놀라곤 하지만 익숙해지면 그 작은 원판 속에서도 다양한 것들을 볼 수 있습니다. 처음 보이는 것이라곤 표면을 가로지르는 두 개의 큰 줄무늬뿐이지만 관측을 해나가면서 눈이 훈련되고 익숙해지기 시작하면 다양한 모습이 보이기 시작합니다.

목성 표면에서 가장 흥미로운 대상은 뭐니 뭐니해도 대적반입니다. 이 대적반은 때로는 흐려졌다가 때로는 진해졌다가 하므로 그 보이는 모습이 항상 동일한 것은 아닙니다. 60mm 구경의 굴절망원경에서는 대적반을 보기가 다소 어렵지만 80mm 구경 이상이면 대적반을 볼 수 있습니다. 목성의 줄무늬 세부를 어느 정도 볼 수 있는 망원경이라면 대적반의 관측은 쉽습니다.

목성에서 대적반을 보기 어려운 이유라면 그 첫째가 목성이 자전을 하고 있어서 항상 대적반을 볼 수 있는 것이 아니기 때문입니다. 목성에서 대

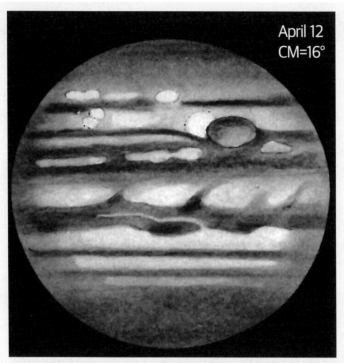

April 12
CM=16°

목성 스케치. 눈이 숙련되면 소형 망원경으로도 자세한 모습을 볼 수 있습니다. 스케치의 위쪽이 남쪽입니다.

적반이 있는 부위는 대략 한 바퀴 도는 데 9시간 55분이 걸립니다. 실제로 목성의 표면은 공처럼 둥근 구여서 대적반이 표면의 중앙에 와 있을 때는 관측이 쉽지만 가장자리에 있을 때에는 눈에 쉽게 띄지 않습니다. 그런 이유로 목성을 관측했을 때 네 번에 한 번 정도 꼴로 대적반을 볼 수 있습니다.

다른 한 가지 이유는 관측자의 주의가 부족하기 때문입니다. 대적반의 색상이 매우 연해 그 모양을 가지고 식별해내야 하는 경우가 많아 쉽게 알아내기 어렵습니다.

초보 아마추어 관측자들이 흔히 보는 목성의 모습은 표면을 가로지르는 줄무늬입니다. 매우 작은 망원경일지라도 통상 두 개의 줄무늬는 보입니다. 구경이 커지고 숙련되면 더 많은 수의 줄무늬가 보입니다.

관측을 끝내고 나니 꽤 시간이 흘러 있었습니다.

이제는 집으로 돌아갈 시간입니다. 임원진을 맡은 사람들 외에는 먼저 집으로 돌아가고 임원진만 남아서 뒷정리를 했습니다. 당연히 1학년인 호성이는 그냥 집으로 돌아가면 되었습니다.

"은하야, 가자!"

호성이가 은하의 팔을 잡아끌자 은하가 고개를 가로저었습니다.

"난 정리하고 갈 거야. 준 오빠랑 할 이야기도 있고… 오늘은 먼저 가."

호성이에게 손을 흔들어 보인 후 망원경을 옮기는 김준을 향해 은하가 뛰어갔습니다. 그 바람에 호성은 혼자서 집으로 올 수밖에 없었습니다. 물론, 어차피 같은 동네는 아니어서 같이 가봐야 얼마 가지 못하겠지만.

혼자서 학교를 걸어 나오면서 호성은 괜히 기분이 이상했습니다.

처음으로 금성과 목성을 본 감격이 남아 있어 흥분을 자아내고 있음에도 마음 한편으로는 기분이 가라앉았습니다.

"은하가 너무 잘 알기 때문인가… 하긴. 은하 정도의 실력이라면 2학년 형들에게도 밀리지 않지. 난 언제 그만큼 따라갈 수 있을까. 어쨌든 이제 금성과 목성을 알았으니 집에서도 망원경으로 관측할 수 있겠네. 아… 그런데 화성과 토성은 어디 있담?"

꼭 그 때문이었을까요? 아니면 은하가 준 오빠, 준 오빠라고 부르면서 천체관측 반장과 친한 듯 보이는 것에 괜스레 신경 쓰여서 그런 것일까요?

토성 고리의 구조

토성은 지구보다 태양에서 더 멀리 위치해 있는 외행성입니다. 그러므로 목성과 비슷한 운동을 천구상에서 보일 것입니다. 하지만 목성보다 태양에서 더 멀리 떨어져 있고 더욱 천천히 태양 주변을 돌고 있습니다. 토성은 약 일 년 보름마다 한 번씩 충의 위치에 이릅니다. 즉, 일 년에 한 번씩 관측 호기가 도래한다고 보면 되겠습니다.

토성의 밝기는 대략 0등성입니다. 그러므로 밤하늘에 직녀성과 유사한 밝기의 별이 떠 있으면서 이미 알려진 1등급대의 유명한 별이 아니라면 토성이라고 볼 수 있습니다. 토성은 2000년대 초 무렵에는 가을과 겨울 하늘에서 보입니다.

토성을 망원경으로 보면 원형의 토성 본체를 둘러싼 고리가 보입니다. 바로 유명한 토성의 테입니다. 그 모습은 매우 깜찍하고 예쁘게 보입니다. 이 토성의 고리는 작은 망원경으로 쉽게 그 존재를 확인할 수 있습니다.

토성의 고리는 망원경으로 보았을 때 크게 세 부분으로 나뉩니다. 바로 A, B, C 고리라고 이름이 붙여져 있습니다. 토성 고리의 가장 바깥쪽 부분이 A이고, 가장 안쪽 부분이 C입니다. 가장 밝은 중앙 부분 고리는 B 고리입니다.

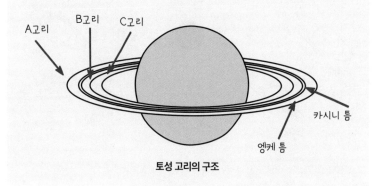

토성 고리의 구조

초보 아마추어들에게 중요한 것은 바로 A 고리와 B 고리를 구분하는 일입니다. 80mm 굴절망원경 정도 되면 시상이 좋은 날 100배 이상의 고배율에서 두 고리를 분해해 볼 수 있습니다. 두 고리 사이에는 작은 틈이 존재하는데, 이를 카시니 틈이라고 합니다. 100mm 이상의 구경이면 보다 쉽게 볼 수 있습니다. 또 A 고리에는 보다 작은 틈인 엥케 틈이 있지만 소형 망원경에서는 보기 어렵습니다.

오래전에는 태양계 내에서 유일하게 토성만이 고리를 가지고 있는 것으로 알려져 있었습니다. 하지만 지금은 토성 이외에 목성, 천왕성, 해왕성에서도 토성과 비슷한 고리가 있다는 사실을 알게 되었습니다. 하지만 직접 보기란 거의 불가능합니다.

토성 고리의 기울기 변화

토성은 태양에서 약 14억 2천 7백만 km 떨어져 있으면서 태양 주위를 29년 6개월에 걸쳐 한 바퀴를 돌고 있습니다. 토성 주위를 둘러싸고 있는 토성의 고리는 정확히 토성의 적도면에 위치해 있습니다. 그러나 토성의 적

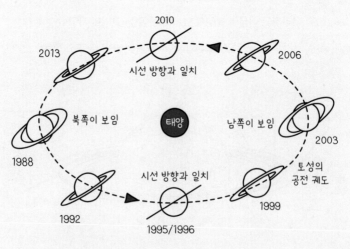

토성의 공전과 고리 모양. 2003년경이 토성의 고리가 가장 잘 보입니다.

도면은 공전 면에 대해 약 28도가량 기울어져 있습니다. 이러한 이유로 토성의 위치에 따라 토성의 고리 모습은 달라집니다.

토성의 고리는 어떤 시기는 비스듬히 아래쪽에서 보는 듯한 모습을, 다른 때는 반대로 위쪽에서 보는 듯한 모습을 보여줍니다. 때로는 토성 고리의 정면에서 보게 되는 경우도 있는데, 이 시기에는 토성의 고리가 거의 보이지 않게 됩니다. 그 이유는 토성의 고리가 매우 얇기 때문입니다.

토성 고리의 모습은 토성의 공전주기에 맞추어 변화하므로 약 29년 6개월을 주기로 변화합니다. 1995년 하반기 토성의 테가 완전히 보이지 않았습니다. 1995년 11월 토성 고리의 평면이 태양 면을 통과하던 시기를 전후해약 3회에 걸쳐 지구에서 볼 때 고리가 소실되었습니다. 1997년부터 다시 토성의 고리가 보이기 시작해 2003년 무렵에 고리의 폭이 넓고 밝게 보였습니다.

이때부터 토성의 고리 남쪽 부분을 보다가 다시 토성의 고리가 보이지 않게 된 시기는 2011년입니다. 2011년 이후부터는 토성 고리의 북쪽 면을볼 수 있었습니다.

토성의 스케치. 숙련된 관측자에겐 토성의 표면 무늬가 보입니다.

토성의 위성

소형 망원경으로 목성을 보면 항상 목성의 4대 위성이 양옆으로 나란히 배열되어 있는 모습을 볼 수 있습니다. 그렇다면 토성의 경우에는 어떠할까요? 토성에서도 우리는 위성을 관측할 수 있지만 목성처럼 뚜렷하지 않아서 그냥 지나칠 뿐입니다.

토성에서 가장 큰 위성은 타이탄입니다. 타이탄의 크기는 목성에서 가장 큰 위성인 가니메데와 맞먹을 만큼 대단히 큽니다. 그래서 소형 망원경뿐만 아니라 쌍안경에서도 쉽게 보입니다. 타이탄은 밝기는 8등급 정도 됩니다.

토성의 위성 관측에서 가장 큰 어려움은 목성처럼 위성이 보이는 위치가 일정치 아니하고 토성의 상하좌우 모든 곳에서 위성이 나타날 수 있다는 점입니다. 소형 망원경으로 보았을 때 토성 주변에서 8등급 정도의 별을 보았다면 그것은 타이탄일 경우가 많습니다.

다른 위성들의 크기는 비교적 작습니다. 두 번째 큰 위성은 레아이고 그 다음이 테티스, 다이오네의 순입니다. 이 위성들의 밝기는 약 10등급입니다. 100mm 이상의 망원경으로 관측을 한다면 이 네 개의 위성들을 모두 볼 수 있습니다. 그러나 이 위성들은 토성 주변에 제멋대로 널려 있으므로 주변의 배경 별들과 구분하기 어렵습니다. 며칠에 걸쳐 토성 주변의 별들 위치를 기록해둔다면 그중에서 위치의 이동이 발생하는 별들이 위성임을 확인할 수 있습니다.

✨ 화성에는 운하가 있을까요? ✨

집으로 돌아온 호성은 토성과 화성이 지금 어디에 위치해 있는지 책을 찾아보았습니다. 안타깝게도 얼마 기다려야 한다는 사실을 알 수 있었습니다. 하지만 책을 보면서 호성은 신기한 사실을 알아내었습니다. 가까이 있는 화성이 관측할 기회가 더 드물다는 사실입니다.

화성의 접근

오래전부터 과학 소설 등에서 자주 등장했던 화성은 지구 바로 바깥쪽에 위치한 행성입니다. 화성은 약 687일에 걸쳐 태양을 한 바퀴 돌고 있습니다. 그 때문에 지구와 가까이 만나게 되는 때는 약 2년 2개월마다 한 번씩 일어납니다. 그러므로 화성의 관측 시기는 평균 2년 2개월마다 한 번씩 옵니다. 즉 목성이나 토성에 비하면 관측 기회가 매우 드문 행성입니다. 다른 외행성들과 마찬가지로 이 시기를 '충'이라고 부릅니다.

화성의 공전 궤도는 약간 어긋나 있어 태양에 가장 가까운 시기는 2억

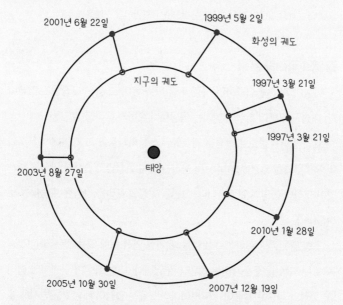

화성의 대접근과 소접근. 화성의 공전궤도가 편심되어 있어서 충일 때일지라도 지구와의 거리가 달라집니다.

7백만 km, 반대로 가장 먼 시기는 2억 4천 9백만 km가 됩니다. 지구와 화성의 접근도 화성이 얼마나 태양에 가까이 있는가에 따라 변화합니다.

지구와 화성이 접근했을 때 중에서도 가장 가까운 시기를 화성의 대접근이라고 합니다. 또 지구와 화성이 접근한 충일 때 중에서도 가장 먼 시기를 소접근이라 부릅니다. 대접근일 때 지구와 화성 간의 거리는 5천 7백만 km입니다. 반대로 소접근일 때는 이보다 거의 두 배나 되는 9천 9백만 km입니다.

당연히 화성이 가까이 있을수록 화성은 잘 보일 것입니다. 화성의 대접근 시기가 되면 소형 망원경으로도 화성 표면의 큰 무늬들을 관측할 수 있습니다. 이러한 시기는 15～17년마다 한 번씩 일어납니다.

화성 대접근은 1971년, 1988년, 2003년에 있었습니다. 2003년 화성 대접근 때는 화성의 시직경이 25.1초나 되었습니다. 2005년 화성이 다시 지구에 접근한 소접근 때는 2003년 대비 거리도 멀어지고 시직경도 작아졌습니다. (가장 최근의 화성 대접근은 2018년 7월입니다. -편집자 주)

화성의 극관과 무늬

화성이 지구에 접근하면 자정 무렵 하늘 높이 그 붉은 모습을 드러냅니다. 대접근 무렵에 화성의 밝기는 목성보다 오히려 밝아집니다.

오래전 망원경으로 화성을 관측했던 천문학자들은 그 표면에서 운하와 비슷한 무늬를 발견했습니다. 이 운하는 당시 화성인의 존재를 암시해 주는 것이라 하여 논란이 되었습니다. 그만큼 화성의 표면은 다양한 모습들을 보여줍니다.

소형 망원경으로 화성을 보았을 때 가장 먼저 눈에 띄는 것은 화성의 남쪽 또는 북쪽 끝에 존재하는 하얀 부분입니다. 이를 화성의 극관이라 합니다. 화성의 극관은 얼음이나 드라이아이스 같은 결정이 태양빛을 반사해 빛을 냅니다. 화성의 극관은 대접근 시기에는 화성의 남쪽 부분에서 볼 수 있

화성의 모습. 화성의 극 부분에서 밝게 빛나는 것이 화성의 극관입니다.

고, 소접근 시기에는 북쪽 부분에서 볼 수 있습니다. 이 극관은 화성의 계절에 따라 그 면적이 넓어지기도 하고 좁아지기도 합니다.

소형 망원경으로는 화성의 접근 시에 그 표면 무늬를 볼 수 있습니다. 또 화성은 대기가 존재하므로 대기 상태에 따라 표면의 형상에서 많은 변화를 볼 수 있습니다. 대표적인 표면 무늬는 대슈르치스라는 화성의 대평원입니다. 이 무늬는 거무스름한 빛깔로 흐릿하게 망원경에서 나타납니다. 가끔 화성의 표면에서는 대폭풍이 일어나기도 합니다. 대폭풍이 일어나면 화성의 표면은 황색으로 뒤덮여 표면 형상이 거의 보이지 않게 됩니다. 화성에는 이외에도 크고 작은 무늬가 있지만 소형 망원경에서는 그리 뚜렷하지 않으며 대구경 망원경에서만이 다양한 모습을 보여주고 있습니다.

★ 초보자가 천체망원경으로 가장 멋지게 볼 수 있는 것이 달입니다. 달은 보름달보다 초승달이나 반달일 때 그 표면을 더 잘 볼 수 있습니다. 천체망원경으로는 달의 크레이터와 산맥, 골짜기 등을 매우 자세하게 관측할 수 있습니다.

★ 목성은 가장 쉽게 접할 수 있는 행성입니다. 처음 천체망원경으로 맞이하는 목성은 매우 작지만 주의 깊게 본다면 표면에서 상당히 자세한 무늬들을 볼 수 있습니다. 또, 목성의 바로 옆에 있는 네 개의 위성들을 볼 수 있습니다.

★ 토성은 고리의 모습이 일품입니다. 고리는 매년 조금씩 보이는 모습을 달리합니다. 고리를 자세히 쳐다보면 그 사이의 틈을 볼 수 있고, 고리가 여러 개로 이루어져 있음을 알 수 있습니다.

성운·성단·은하를 보고 싶어요

특별활동 시간을 학교에서 권장하는 편은 아니었습니다. 하지만 자신이 하고 싶은 분야에 대해 좀 더 창의적이고 열정적으로 학습할 수 있다는 점 때문에 의욕적으로 특별활동 시간에 참여하는 학생들이 많았습니다.

특별활동 시간의 하이라이트는 바로 학예회입니다. 가을철 일 년에 단 한 번 열리는 학교 축제 기간 동안 특별활동 시간에 했던 여러 결과물들을 발표하게 되어 있었습니다. 연극반은 직접 연극을 공연하고, 컴퓨터반은 직접 구성한 몇 가지 프로그램들과 공부에 도움이 되는 프로그램들을 전시하곤 했습니다.

천체관측반에서 하는 일은 주로 천체사진 전시를 하는 것이었습니다. 외국 대천문대에서 찍은 사진을 전시하기도 하고 축제 때 구경 온 사람들에게 망원경으로 달을 보여주기도 했습니다. 그러나 그것보다 관측 반원들에게 더 중요한 것은 일 년 동안 자신들이 직접 관측하고 기록한 결과를 발표하는 학예회였습니다.

"올해는 10월에 학예회가 있다. 2학년들은 작년에 해봐서 잘 알고 있겠지만 학예회는 자신이 연구했던 결과를 발표하는 장이다. 다른 과학 부서들도 다 같이 하니까 그들에게 지지 않도록 우리도 노력해야 해. 작년에는 생물반에서 발표했던 우리나라의 야생화가 표창을 받았는데, 올해는 반드시 우리가 상을 타보도록 하자."

천체관측반 선생님께서 학예회를 강조하셨습니다.

호성이는 공책에 선생님이 말씀하시는 주요 내용들을 받아 적었습니다.

아직 여름방학도 되지 않았으니 시간은 많이 남은 셈입니다. 그럼에도 벌써 저렇게 이야기하시는 것을 보면 무척 신경을 쓰시나 봅니다. 하긴 천체관측반 내부 문제가 아니라 다른 과학 부서들과 경쟁이 되니까 그럴 만합니다.

"올해는 연구 과제를 몇 건이나 예상하고 계시는데요?"

반장인 김준이 질문을 했습니다.

선생님은 잠시 생각하시더니 대답하셨습니다.

"몇 편이라도 관계없단다. 반장은 1, 2학년들을 그룹 지어 팀을 편성한 다음 방학이 되기 전까지 각 팀당 주제를 정해서 미리 알려주었으면 좋겠다. 아마 여름 방학부터 본격적으로 준비에 들어가면 가을까지 늦지 않고 할 수 있을 거다."

이미 해본 일이어서 그런지 2학년 학생들은 담담히 선생님의 말씀을 듣고 있었지만 1학년들 사이에서는 술렁임이 일었습니다. 호성이에게는 왠지 부담이 느껴졌습니다. 옆에 있는 은하를 쳐다보니 마냥 웃음만 띠고 있었습니다.

"반장이 알아서 계획을 잘 세워보도록."

말씀을 마치신 선생님은 교단을 내려가시고 김준이 교탁 앞에 섰습니다.

"학예 발표회 일은 제가 알아서 팀을 편성할 테니 여러분들은 자신이 해야 할 연구과제 주제를 한번 생각해보기 바랍니다. 자, 그럼 오늘은 별자리에 대해 공부하는 날입니다. 먼저 1학년들은 나와서 성도를 받아 가세요."

반장이 교탁 아래서 한 뭉치의 책 꾸러미를 꺼내었습니다. 그리고 1학년들에게 그 책을 하나씩 나누어주었습니다. 호성이와 은하에게도 책이 한 권씩 주어졌습니다.

"성도라… 성도가 뭐지?"

호성이가 은하에게 물었습니다.

"성도는 밤하늘의 지도야. 어떤 별이 어디 있고… 그런 것이 표시된 지도지. 하늘을 보려면 필수품이야."

　책의 앞장에는 밤하늘 성도라고 적혀 있었습니다. 호성이는 성도를 펴보았습니다. 하얀 바탕에 검은 점들이 수북이 찍혀 있었습니다. 다소 혼란스러웠습니다. 책은 불과 20쪽 정도밖에 안되었지만 그것만으로도 밤하늘이 얼마나 넓은지 미루어 짐작이 되었습니다.

　"2학년들은 작년에 다 한 것일 테니까 옆에 1학년들이 하는 것을 도와주고, 1학년들은 받은 성도에 지금부터 별자리를 표시해보세요. 별들을 이어 별자리를 미리 그려놓으면 성도를 보기 편해지니까요. 한 사람도 빠지지 말고 별자리를 그려보도록 합니다."

　반장이 성도를 펼쳐 보이며 설명을 했습니다.

　"두 번째 페이지를 펴보면 북두칠성이 보일 겁니다. 북두칠성을 연결하고 다음에 주변의 큰곰자리도 그리고… 그런 식으로 성도 전체를 다 그리면 됩니다."

　호성이는 반장을 따라서 해당 페이지를 펴보았습니다. 그의 눈에 굵은 검은 점으로 찍혀 있는 북두칠성의 별 일곱 개가 눈에 들어왔습니다.

별자리판. 성도를 돌려 해당 시각을 맞추면 그 시각의 밤하늘 모습을 알 수 있습니다.

성도 보는 법

밤하늘에는 많은 별들이 있습니다. 밤하늘에서 자신이 모르는 어떤 별을 찾아보려고 할 때 지도처럼 도움이 되는 길잡이 역할을 하는 것은 없을까요?

밤하늘의 지도를 성도라고 합니다. 성도에는 많은 별들과 성운·성단 등 우리가 관측할 천체들의 위치가 자세히 나와 있습니다. 그러므로 성도를 사용해 우리는 넓고 넓은 밤하늘에서 그 위치를 잊어버리지 않고 목표 지점을 찾아갈 수 있는 것입니다.

성도는 대개 흰색의 바탕에 검은 점으로 별들이 표시되어 있습니다. 이 점들은 하나하나가 별을 뜻합니다. 점의 크기가 클수록 밝은 별이고 작을수록 어두운 별입니다.

성도에는 여러 가지 종류가 있습니다. 한 장의 종이에 전 하늘이 모두 표시되어 있는 전천 성도도 있고, 하늘을 몇 개의 부분으로 나누어 여러 장의 용지에 그린 부분 성도들도 있습니다. 별자리의 관측은 전천 성도가 편리하고, 세부적인 대상의 관측은 부분 성도가 편리합니다.

대개의 경우 성도의 위쪽은 북쪽입니다. 남쪽 하늘을 바라보며 서서 성도를 하늘 높이 들고 보면 성도의 방향이 하늘과 일치합니다. 즉, 성도에서는 위쪽이 북쪽이고, 아래쪽이 남쪽 왼쪽이 동쪽, 오른쪽이 서쪽입니다.

부분 성도는 성도에 나타난 별들의 한계 등급으로 몇 등급 성도인지 분류합니다. 초보자용으로 많이 쓰이는 것이 6등급 성도이고, 성운·성단 관측용으로 흔히 쓰이는 것이 7등급 또는 8등급 성도입니다.

성도에는 하늘의 좌표인 적경 적위 선이 표시되어 있습니다. 부분 성도의 순서는 적위 순서를 우선으로 하여 배치되어 있습니다. 부분 성도의 맨 앞은 북극성 부근이 그려져 있는 북천의 하늘 부분입니다. 또 맨 끝은 천의 남극 부분이 그려져 있습니다. 또 동일 적위라면 적경순으로 돌아가며 순서가 정해져 있습니다. 적경 0시는 춘분점이 있는 곳으로 가을철 별자리 영역입니다. 그러므로 성도에서는 가을철 별자리, 겨울철 별자리, 봄철 별자리, 여름철 별자리의 순으로 분류되어 있습니다.

성도에는 별을 뜻하는 검은 점 이외에 타원이나 십자원 등의 표시들이 있습니다. 이것은 성운·성단·은하를 뜻하는 것으로 달리 말하면 주요 관측 대상들을 의미합니다.

1학년들은 2학년들이 작년에 이미 그려 놓은 성도를 참고해 가며 자신의 성도에 줄을 그리기 시작했습니다. 호성이 또한 자와 연필을 꺼내어 선을 그렸습니다. 참고 도서는 별자리 책들입니다. 별자리 책에는 각종 별들이 이미 잘 그려져 있으니까요.

"신기하단 말이야."

호성이는 내심 중얼거리며 선을 그었습니다.

"책에 쓰인 이상한 문자들은 뭐예요?"

한 학생이 질문을 했습니다.

"어떤 것 말이니?"

반장이 그 학생에게 다시 물어보자 학생이 성도의 한 지점을 손으로 가리켰습니다.

"밝은 별 옆에 적혀 있는 이상한 문자 말이에요."

"아하! 그건 그리스 문자란다. 알파, 베타, 감마… 이렇게 읽지. 그 중 알파가 가장 밝은 별을 뜻한단다."

"숫자도 적혀 있는데요?"

호성이도 질문을 했습니다.

반장이 칠판에 그리스 문자를 쓰며 읽는 법을 알려주었습니다.

그리고 호성이의 질문에도 대답을 해주었습니다.

"별 옆에 쓰인 숫자도 별의 이름을 뜻한단다. 밝은 별들은 각각 그 고유의 이름을 가지고 있지만, 하늘의 별은 너무나 많기 때문에 그렇게 이름을 전부 다 붙일 수는 없지. 그래서 고유 이름 이외에도 별에다 이름을 붙였는데, 그중 한 방식이 바로 별의 밝기 순서로 알파, 베타, 감마… 이렇게 붙인 것이고 또 하나는 별의 적경순으로 1번, 2번 하고 숫자로 붙인 것이란다."

호성이는 반장의 말에 성도를 다시 한번 자세히 살펴보았습니다. 큰곰자리를 보니 역시나 가장 밝은 별인 북두칠성의 맨 앞에 알파란 문자가 적혀 있었습니다. 또 숫자를 살펴보니 오른쪽에서 왼쪽으로 가면서 숫자들이 붙어 있었습니다.

"적경은 하늘에서 보면 서쪽에서 동쪽으로 가면서 증가하거든… 그러니까 서쪽에서 동쪽으로 가면서 번호가 붙어 있어. 그것이 성도 상에서는 오른쪽에서 왼쪽으로 가면서 나열되지."

은하가 호성이를 위해 부연 설명을 해주었습니다.

주요 성도

우리는 성도를 어디에서 구할 수 있을까요? 가장 간편한 방법은 큰 서점에서 국내 번역 출판된 성도를 직접 사는 것입니다. 또는 천체망원경 전문점에서 구입할 수 있습니다. 대부분의 망원경 판매점들은 고객들을 위해 성도를 끼워주거나 판매를 하고 있습니다. 또, 주변에 있는 관측 베테랑들을 통해 성도를 부분 복사해서 사용하거나 천문 동호회에 비치된 성도를 이용하는 것도 좋은 방법입니다.

지금까지 참으로 다양한 성도가 출판되었습니다. 그중 대부분은 외국

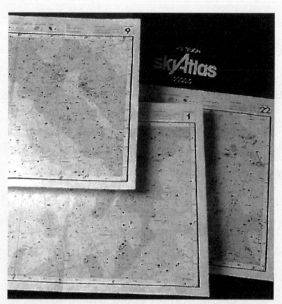

〈스카이 아틀라스 2000.0〉 성도. 아마추어들이 많이 사용하는 대표적인 성도입니다.

에서 제작된 성도들이지만 일부는 국내에서 번역되어 있습니다. 초보자는 6등급 정도의 성도가 좋습니다. 보다 깊고 폭넓은 관측을 원한다면 외국의 원본 성도를 구하는 것이 좋습니다.

국내에 번역 출판된 대표적인 성도로는 〈베크바 성도〉가 있습니다. 베크바 성도는 모두 16쪽으로 구성되어 있습니다. 국내 출판용은 흑백이며, 한계 등급은 7.5등성입니다.

천체관측가들이 가장 많이 사용하는 성도는 〈스카이 아틀라스 2000.0〉입니다. 이 성도는 그래픽이 매우 뛰어나 관측하기에 편리합니다.

이 성도는 한계 등급 8.0등급에 모두 26매의 부분 성도로 구성되어 있습니다. 컬러판인 딜럭스판과 흑백인 데스크판, 검은 바탕에 흰점으로 되어 있는 필드판이 있습니다.

또 국내에 밤하늘 관측이라는 이름으로 출판되어 있는 〈에드먼드 6등급 성도〉가 있습니다. 모두 12매의 부분 성도와 3매의 상세 성도로 구성되어 있습니다. 한계 등급은 6.2등급입니다. 사실 이 6등급 성도가 성운·성단 관측을 위해서 사용 가능한 최소의 것입니다.

　　요즘의 경향이라면 컴퓨터에서 손쉽게 볼 수 있는 성도 프로그램들이 대단히 많다는 것입니다. 이 성도들은 원하는 관측지와 원하는 시간에서의 밤하늘을 시뮬레이션을 통해 화면으로 보여줍니다. 관측을 나가기 전에 프린터로 그날 밤의 하늘을 인쇄해 많이 사용합니다. 때로는 노트북에 내장시켜 야외에서 직접 화면을 보며 관측에 임하기도 합니다.

✨ 별자리랑 친숙해집니다(1) ✨

　　그날 저녁에는 별자리 찾기 관측이 있었습니다. 자기의 성도에 그려진 별자리들을 보면서 하늘의 별들과 직접 대조를 해보는 일이었습니다.

　　천체관측반에는 자칭 별자리 도사라는 2학년 누나가 한 사람 있습니다. 그 누나는 별자리를 누구보다도 잘 안다고 합니다. 하늘 구석구석에 위치한 자그마한 별자리들도 모두 기억하고 있다고 하니까요. 게다가 구름이 끼어 별들이 몇 개만 보여도 무슨 별인지 알 수 있을 정도라고 하니 정말 대단합니다.

　　"자, 하늘을 쳐다봅시다!"

　　그 누나의 목소리가 운동장을 울렸습니다.

　　모두가 흥미롭게 그 누나의 얼굴을 쳐다보았습니다. 저 멀리 가로등 불빛에 반사되어 얼굴 윤곽이 흐릿하게 보였습니다.

　　이미 하늘은 어두컴컴해져서 별들이 많이 보이고 있었습니다.

　　"저 별은…."

　　그 누나의 손에는 대형 손전등이 들려 있었습니다. 손전등에서는

밝은 불빛이 하늘을 향해 쏘아졌습니다. 대기 중의 먼지에 산란된 손전등의 불빛이 약하지만 뚜렷한 빛의 선을 만들어내며 하늘 높이 뻗어나갔습니다.

"와! 신기하다."

호성이는 그 모습을 보며 감탄을 했습니다. 단순히 하늘의 별을 향해 손가락으로 가리킨다면 주변의 사람들은 어느 별을 가리키는지 제대로 알기 어려울 것입니다. 하지만 손전등의 불빛은 하늘 위까지 빛의 선을 만들어내므로 부근의 사람들은 어디를 가리키는지 명확히 알 수 있었습니다.

"이 별이 바로 북두칠성입니다!"

손전등의 불빛이 밝은 별 일곱 개를 하나하나 짚어나갔습니다. 호성이도 북두칠성을 이미 알고 있었습니다. 그 별들을 보며 자신이 알고 있던 별이 북두칠성이 맞다는 사실을 확인했습니다.

"북두칠성에서 시작하면 북극성을 찾을 수 있어요. 북두칠성의 맨 앞에 위치한 별 두 개를 이어서… 하나, 두울…."

손전등의 불빛이 북두칠성의 국자 앞쪽 별 두 개를 가리켰습니다. 호성이는 그 별들 옆에 알파와 베타란 문자가 성도에 쓰여 있었다는 사실이 생각났습니다. 손전등의 불빛이 일정 간격으로 다섯 번 선을 그렸습니다. 불빛이 닿은 곳에는 밝은 별 하나가 반짝거리고 있었습니다.

"이 별이 북극성입니다. 좀 어둡지요? 북극성은 하늘에서 절대로 가장 밝지 않아요."

호성이는 하늘을 쳐다보다 은하가 어디 있는지 문득 궁금해졌습니다. 고개를 두리번거려 보니 자신에게서 불과 서너 걸음 떨어진 곳에서 은하가 천체관측 반장인 김준과 함께 하늘을 쳐다보고 있었습니다.

"은하야! 넌 저기 북두칠성을 이루는 별들의 이름을 아니?"

김준이 물었습니다.

은하는 고개를 저었습니다.

"전 북두칠성 별들의 이름을 기억하고 있진 않아요."

김준이 북두칠성의 별을 가리키며 이야기를 했습니다.

"저 별은 말이야… 북두칠성 국자의 맨 앞에 위치한 별이 알파별인데 이름이 두베라고 한단다. 큰곰이란 뜻을 가지고 있지. 그리고 두 번째 베타별은 메라크라고 이름이 붙어 있는데, 허리란 뜻을 가지고 있고…."

나직하지만 김준과 은하가 주고받는 말들이 호성이의 귀에 들어왔습니다.

'김준 형은 대단하단 말이야. 모르는 게 없어.'

호성이는 은하랑 이야기를 나누고 있는 김준 형이 부러웠습니다.

별자리의 유래

밤하늘에서 별자리를 찾아본 적이 있나요? 너무나 많고 무질서하게 보이는 별들이지만 오랜 옛날부터 사람들은 별들을 보다 잘 기억하기 위해 별들을 이어서 어떤 그림을 생각하게 되었습니다. 별자리는 지금으로부터 약 5,000여 년 전, 메소포타미아 지방에 살고 있던 목동들이 밤하늘의 별들을 신의 모습, 동물, 도구 등과 연관하여 상상해본 것이 그 유래라고 합니다.

오래전부터 전해내려오던 별자리를 처음으로 체계적으로 정리한 사람은 기원전 2세기경 그리스의 천문학자 프톨레마이오스입니다. 그는 밤하늘의 별들로 이루어진 48개의 별자리를 정리해 《알마게스트》라는 책에 싣게 되었습니다. 현재 우리가 알고 있는 대부분의 별자리가 바로 여기에 속해 있습니다. 이 48개의 별자리 중 아르고자리는 훗날 세 개로 나뉘어 모두 50개의 별자리가 되었습니다.

한편 우리나라를 비롯한 동양에서는 서양과 다르게 별자리를 구성했습니다. 동양에서는 하늘의 중심에 삼원(태미원, 자미원, 천시원)을 두었고, 천구의 적도를 따라 동·서·남·북 네 방향으로 각각 일곱 개씩 모두 28개의 별자리를 구성했습니다. 이 28개의 별자리를 28수라고 부릅니다. 동양의 별자리는 하늘에도 인간 세상처럼 관직과 지역 등을 의미하는 별들을 둔 것이 가장 큰 차이점입니다.

남반구로 여행하게 되면서 사람들은 남쪽 하늘의 새로운 별들도 보게 되었습니다. 이에 따라 남쪽 하늘에 새로운 별자리를 만들 필요성이 생겼습니다. 결국 이전의 별자리를 정비하고 남쪽의 별자리를 만들면서 오늘

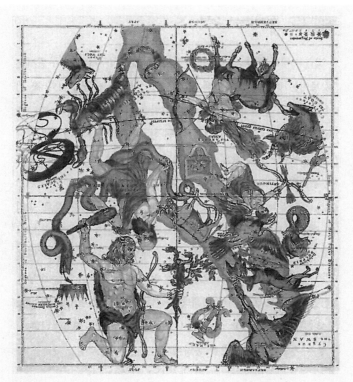

옛날 성도

날의 별자리가 탄생하게 되었습니다. 오늘날 전 하늘은 모두 88개의 별자리로 구성되었습니다. 이중 우리나라에서 전혀 볼 수 없는 별자리는 모두 17개입니다.

북천의 주요 별자리

밤하늘에 익숙해지는 가장 빠른 방법은 별자리를 잘 찾는 것입니다. 별자리를 찾는 가장 기본적인 방법은 기준이 되는 별자리를 하나 찾아서 기억하는 것입니다. 다른 별자리들은 그 별자리를 기준으로 해서 찾아갈 수 있습니다.

이렇게 기준으로 사용되는 대표적인 별자리가 북두칠성이 속한 큰곰자리나 카시오페이아자리입니다. 이 별자리들은 천구의 북극에 매우 가까이 있어 우리나라에서 항상 볼 수 있기 때문입니다.

북두칠성은 어떻게 생겼을까요? 모두가 잘 알고 있듯이 일곱 개의 별들이 늘어서서 국자 모양을 하고 있습니다. 북쪽 하늘에서 국자 모양을 하고 있는 일곱 개의 별을 찾았다면 그것이 바로 북두칠성입니다.

북두칠성을 찾았으면 큰곰자리도 찾아봅니다. 북두칠성의 국자 부분은 큰곰의 엉덩이이고 국자 자루는 큰곰의 꼬리에 위치합니다. 국자에서 국자 방향(서쪽)으로 조금 앞에서 물음표가 뒤집힌 형상을 찾을 수 있습니다. 이 것이 바로 큰곰의 머리입니다. 또 큰곰의 아래쪽에는 두 개의 별들이 나란히 붙어 있는 세 쌍의 별들, 즉 큰곰의 발을 볼 수 있습니다. 큰곰자리는 이 렇게 구성됩니다.

큰곰자리에서 더욱 북쪽의 하늘을 보면 북두칠성과 아주 닮은 별자리가

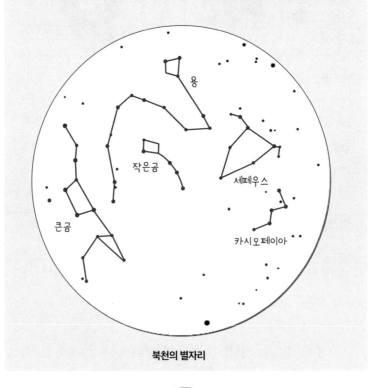

북천의 별자리

하나 보입니다. 이 별자리가 바로 작은곰자리이지요. 이 별자리에서 가장 밝은 별인 2등성 별이 바로 북극성입니다. 모든 별들은 이 북극성을 중심으로 돌고 있답니다.

카시오페이아자리는 우리나라에서 거의 일 년 내내 볼 수 있는 별자리입니다. 이 별자리는 북극성을 기준으로 북두칠성의 반대쪽에 있으므로 북두칠성이 지평선 가까이 있어 잘 보이지 않을 때, 북극성을 찾는 길잡이가 되는 별들로서 특히 유명합니다.

카시오페이아자리는 W자를 그리고 있습니다. 옛날 사람들은 이 별자리를 보고 의자에 앉아 두 팔을 벌리고 있는 왕비의 모습을 그렸습니다.

북천의 별자리로는 이 밖에 세페우스자리, 용자리, 기린자리 등이 있습니다.

봄의 주요 별자리

봄 하늘에 높이 떠오른 북두칠성의 손잡이 끝을 둥글게 이어가면 목자자리의 밝은 별 아르크투루스와 처녀자리의 1등성 스피카가 보입니다. 이 곡선을 봄의 대곡선이라고 일컫습니다.

또 아르크투루스와 그 서쪽에 있는 사자자리의 2등성 데네볼라, 처녀자리의 스피카를 이으면 정삼각형이 됩니다. 이 삼각형을 가리켜 봄의 대삼각형이라고 합니다. 봄의 대곡선과 대삼각형이 봄철 별자리의 기본이 된답니다.

순백의 하얀 별 스피카가 빛나는 아름다운 여신, 처녀는 숲에서 길을 잃었습니다. 처녀자리는 Y자 형상으로 표현됩니다. 이 Y자의 아래쪽에 스피카가 위치해 있답니다.

숲을 방황하고 있는 처녀의 앞에 큰곰이 나타났습니다. 큰곰자리는 북두칠성을 포함하고 있는 밤하늘의 가장 큰 별자리입니다.

또 먹잇감을 찾아 방황하던 사자가 작은 사자를 데리고 나타납니다. 사자자리는 봄 하늘의 한가운데 떠 있는 웅장한 별자리입니다. 머리에 속하는 앞부분은 물음표를 거울에 비친 모습과 같이 보입니다. 이 물음표의 아래쪽에는 사자자리에서 가장 밝은 별인 레굴루스가 빛나고 있습니다. 사자의 엉덩이 쪽에는 세 별이 작은 삼각형을 이루고 있습니다. 이 세 별 중 가장 동쪽에 위치한 별이 바로 봄의 대삼각형을 이루는 2등성 별인 데네볼라입니다.

처녀는 두려움에 울음을 터뜨립니다. 도망치던 처녀는 숲에서 물을 만납니다. 이 물에는 무시무시한 바다뱀이 살고 있습니다. 바다뱀자리는 사자자리 서쪽 아래에서 시작해 남쪽 하늘을 가로질러 남동쪽에 이르는 매우 긴 별자리입니다.

처녀의 울음소리를 듣고 목동이 사냥개를 데리고 나타나 구해줍니다. 봄

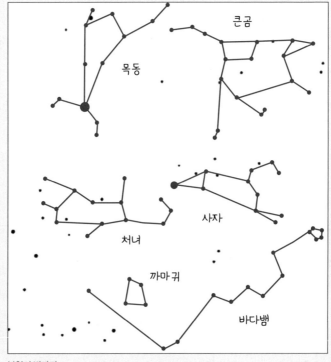

봄철의 별자리

의 하늘에서 가장 밝은 별인 아르크투루스를 포함하고 있는 목자자리는 이 별을 중심으로 3등성, 4등성의 다섯 개의 별들이 길쭉한 큰 마름모꼴을 이루고 있습니다. 사냥개자리는 북두칠성 바로 아래에서 큰곰을 쫓고 있습니다.

처녀를 구한 목동은 그녀에게 아름다운 왕관을 씌워줍니다. 왕관자리는 목자자리의 동쪽에서 일곱 개의 별들이 반원을 그리고 있는 모습입니다.

봄철의 별자리에는 이외에도 까마귀자리, 컵자리, 머리털자리 등이 있습니다.

✦ 별자리랑 친숙해집니다(2) ✦

"북극성과 북두칠성을 찾았으면 이젠 다른 별자리도 찾아봅시다."

손전등 불빛이 북두칠성의 꼬리를 향했습니다.

"이 북두칠성의 손잡이를 아래쪽으로 둥글게 그려보면 밝은 별이 하나 보이지요? 이 별이 바로 목자자리의 아르투루스란 별입니다. 매우 밝아요."

호성이는 아르크투루스란 별이 오렌지빛을 띠고 있는 것 같다고 생각했습니다. 다른 별들보다 유별나게 붉게 느껴졌습니다.

"그럼 카시오페이아자리는 어디 있어요?"

한 학생이 질문을 했습니다.

누나가 손전등의 불빛을 북극성 아래쪽으로 옮겼습니다. 그곳은 저 멀리 아파트 불빛 바로 위였습니다.

"카시오페이아자리는 지금 여기쯤 떠 있을 거예요. 하지만 우리 눈에는 보이지 않습니다. 도시 불빛 때문에 그래요. 야외라면 우리나라에서 항상 볼 수 있는 별자리이지만 도시에서는 지평선 부근에 별이 있을 땐 거의 보기 어렵답니다."

호성이는 눈을 크게 뜨고 주의 깊게 살펴보았지만 역시 그 부근에 보이는 별이라고는 하나도 없었습니다.

"그럼 계속해서 아르크투루스 별을 봅시다. 이 별은 밝기가 0등성이에요. 1등성보다 더 밝은 별입니다. 지금 하늘을 보아도 이별보다 더 밝은 별은 금성과 목성 이외에는 안 보이지요? 실제로 하늘에서 이 별보다 더 밝은 별은 시리우스 하나밖에 없어요. 적어도 우리나라에서는요."

아르크투루스를 비추던 불빛이 주변의 별들을 이으며 목자자리를 그려 보였습니다.

호성이도 목자자리는 처음 보는 별자리입니다. 사실 호성이가 알고 있던 별자리는 북두칠성이 속한 큰곰자리와 북극성이 속한 작은 곰자리 정도였습니다. 아르크투루스란 별을 알고 있었지만 그동안 목자자리를 그려본 적은 없었습니다.

"목자자리는 이렇게 그려집니다. 목동이라고 생각하기엔 좀 어렵지요?"

별자리를 비추던 누나의 목소리가 들려왔습니다. 호성은 목자자리에서 옛날 사람들이 밤하늘에서 떠올리던 무한한 상상력을 느꼈습니다.

여름의 주요 별자리

여름밤을 떠올리면 은하수가 생각납니다. 밤하늘의 강이라 불리는 은하수는 여름밤 북쪽에서 남쪽 하늘에 이르기까지 하늘을 가로지르며 우리를 반겨줍니다.

거문고자리의 알파별인 직녀(베가)와 독수리자리의 l등성인 견우(알타이르), 그리고 백조자리의 l등성인 데네브를 이으면 커다란 삼각형이 만들어집니다. 여름 밤하늘에서 가장 밝은 별들로 이루어진 이 삼각형이 여름철 별자리의 기준이 된답니다.

거문고를 연주하는 직녀는 은하수 저편의 견우를 그리워합니다. 거문고자리는 작은 삼각형과 사각형이 붙어 있는 자그마한 별자리입니다. 견우도 직녀가 그립습니다. 이들의 사랑을 슬퍼한 독수리와 백조가 다리를 놓아줍니다. 독수리자리는 은하수의 한중간에 위치해 있습니다. 백조자리는 독수리자리의 북쪽에 위치한 별자리로, 북천의 십자가로도 알려져 있습니다.

독수리를 타고 은하수를 건너는 견우를 뱀이 나타나 방해합니다. 그러자

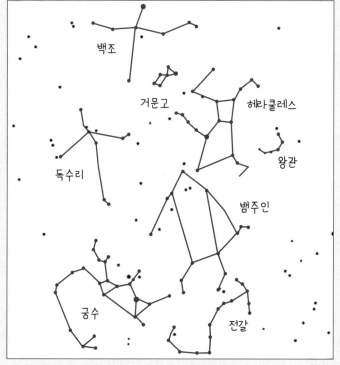

여름철의 별자리

이 뱀을 뱀주인이 나타나 사로잡습니다. 뱀주인자리는 여름밤 남쪽 하늘을 오각형으로 수놓는 거대한 별자리입니다. 뱀주인의 양손에는 뱀자리가 쥐어져 있습니다.

전갈도 나타나 독침을 쏘며 방해합니다. 전갈자리는 은하수 남쪽에서 밝은 별들이 S자 형태로 늘어서 있는 모습입니다. 전갈자리의 머리에는 큰 집게가, 꼬리에는 독침이 튀어나와 있는 모습입니다.

전갈도 뱀주인이 짓밟아 꼼짝 못 하게 합니다. 그리스의 영웅 헤라쿨레스도 나타나 도와줍니다. 헤라쿨레스자리는 거문고자리 서쪽에 H자를 그리며 빛나고 있습니다.

견우가 은하수를 건널 때 은하수의 강물 사이로 바다 염소가 나타나 방해를 합니다. 염소자리는 은하수 남동쪽에 배 모습으로 떠 있습니다. 이 염소를 궁수가 활을 쏘아 사냥합니다. 사냥을 마친 궁수는 작은 국자를 가지고 은하수 강물을 퍼 나릅니다. 궁수자리는 전갈자리 동쪽에 위치해 있으며 주전자 형상으로 보입니다. 이 주전자의 손잡이 부근에 있는 여섯 개의 별은 국자 모습을 이루고 있어 남두육성이라 불립니다.

이들의 도움으로 견우와 직녀는 감격의 상봉을 합니다. 그 눈물이 다시 은하수가 되어 여름밤을 북쪽에서 남쪽으로 가로지릅니다.

이 밖에 여름철 별자리에는 돌고래자리, 방패자리, 화살자리, 여우자리 등이 있습니다.

별자리 누나가 북동쪽 하늘을 가리켰습니다. 그곳에는 하얀 별 하나가 막 떠오르고 있었습니다.

"아르크투루스와 비슷한 밝기의 별은 바로 직녀성이에요. 직녀성은 현재 북동쪽에 떠 있어요. 저 멀리 희미한 별이 하나 보이지요?"

"직녀는 여름철 별자리가 아닌가요? 그런데 어떻게 봄에 볼 수 있어요?"

한 학생이 질문을 했습니다.

"여름철 별자리라고 반드시 여름에만 볼 수 있는 것은 아니랍니다. 지금 하늘 높은 곳에는 봄철의 별이 빛나고 있지만 동쪽 하늘 낮은 곳에는 여름철 별자리들이 떠오르고 있어요. 반대로 서쪽 하늘 지평선에는 겨울철 별자리가 지고 있어요. 지금부터 몇 시간 뒤 별들이 조금 더 떠오르면 어떻게 될까요?"

다른 한 학생이 얼른 대답을 했습니다.

"여름철 별자리가 하늘 높이 떠올라요!"

별자리를 설명하던 누나가 고개를 끄덕였습니다.

"맞아요! 여름철 별자리가 하늘 높이 떠오르지요. 즉, 봄철에도 새벽이 되면 여름철 별자리가 보인답니다. 봄철 별자리, 여름철 별자리라고 하여 반드시 그 시기에만 볼 수 있는 것은 아니랍니다."

별자리 설명은 계속 이어졌습니다. 지금 하늘에 떠 있는 밝은 별들은 한 번씩 전부 짚어보았고 또 그 별들이 속해 있는 별자리도 그려보았습니다.

그 별자리를 바라보면서 호성이의 마음도 저 무한한 우주를 향해 날아올랐습니다.

 시야 넓히기

가을의 주요 별자리

가을철에는 북쪽 하늘 높이 위치한 밝은 별들과 남쪽 하늘의 다소 어두운 별들이 장식하고 있습니다.

가을철 별자리는 머리 위에서 빛나는 2등성의 별 네 개로 이루어진 가을의 사각형이 기준이 됩니다. 이 사각형은 하늘을 나는 천마 페가수스자리입니다. 천마 페가수스는 그리스의 영웅 페르세우스를 태우고 온 하늘을 돌아다닙니다. 페르세우스자리는 페가수스자리에서 북동쪽으로 가을의 사각형 길이의 약 두 배만큼 떨어져 있습니다. 페르세우스는 나라를 어지럽히는 괴물 고래를 해치웁니다. 고래자리는 다소 어둡지만 페가수스 남쪽 가을 하늘 중앙에서 남쪽에 걸쳐 떠 있는 거대한 별자리입니다.

영웅 페르세우스는 왕비인 카시오페이아와 왕인 세페우스에게 인사를 합니다. 카시오페이아자리는 페가수스자리의 북쪽에서 W자로 보입니다. 또 세페우스자리는 카시오페이아의 서쪽에서 길쭉한 오각형으로 빛납니다.

안드로메다와 혼인한 페르세우스는 페가수스를 타고 은하수를 건너 여

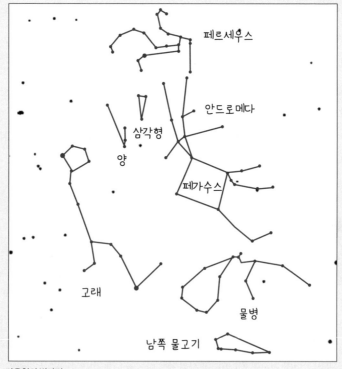

가을철의 별자리

행을 떠납니다. 안드로메다자리는 페가수스의 사각형 북동쪽 별에서 시작해 페르세우스자리 사이에 있습니다. 가을철 은하수는 여름철 대삼각형인 백조자리에서 페르세우스자리를 지나 겨울철 마차부자리로 흘러갑니다.

페가수스를 보고 놀란 물병이 황급히 피하다 물을 엎지릅니다. 물병자리는 페가수스 남쪽에 있습니다. 물병에서 흘러내리는 물속에서 물고기 두 마리와 남쪽 물고기 한 마리가 놀고 있답니다. 남쪽 물고기자리는 남쪽 하늘에 위치한 작은 별자리로 이 부근에서는 유일한 1등성인 외로운 별 포말하우트를 포함하고 있습니다.

가을의 별자리에는 이 밖에 양자리, 삼각형자리, 조랑말자리 등이 있습니다.

겨울의 주요 별자리

겨울밤에는 밝은 별들이 많아서 검은 하늘에 마치 보석을 뿌려 놓은 듯이 화려한 느낌을 줍니다.

겨울철 남동쪽 하늘에는 전 하늘에서 가장 밝고 찬란한 별인 시리우스를 만날 수 있습니다. 이 희푸른 별 시리우스와 남쪽 하늘에 떠 있는 오리온자리의 베텔게우스 그리고 작은개자리의 1등성 프로키온으로 이루어지는 커다란 정삼각형이 바로 겨울의 길잡이가 되는 대삼각형입니다.

오리온은 유명한 사냥꾼입니다. 오리온자리는 1등성 두 개와 2등성 두 개로 사각형을 이루고, 그 가운데 세 개의 2등성이 한 줄로 늘어선 화려한 모습을 하고 있습니다.

이 사냥꾼은 개 두 마리를 데리고 하늘에 떠 있답니다. 바로 겨울철 대삼각형을 이루는 시리우스가 속한 큰개자리와 다른 한 별인 프로키온이 속한 작은개자리입니다.

오리온 사냥꾼은 그 서쪽에 떠 있는 황소를 쫓아갑니다. 황소자리에는 1등성인 알데바란이 붉게 빛나고 있습니다. 오리온 사냥꾼이 황소를 잡는 것을 쌍둥이 형제가 나타나 도와줍니다. 쌍둥이자리에는 밝은 별 두 개가 나란히 빛납니다. 바로 카스토르와 폴룩스 형제입니다.

황소를 때려잡은 오리온과 쌍둥이는 사이좋게 마차를 타고 은하수를 건넙니다. 마차부자리는 오각형으로 빛나는 별자리로, 희고 밝은 1등성인 카

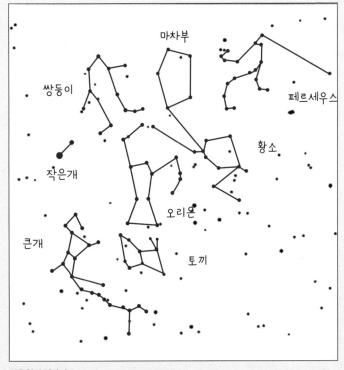

겨울철의 별자리

펠라가 있답니다. 이들이 건너가는 은하수는 마차부자리에서 큰개자리 동쪽의 고물자리로 흘러갑니다.

겨울철 별자리로는 이 밖에 게자리, 외뿔소자리, 토끼자리, 에리다누스 강자리 등이 있습니다.

✨ 어디에서 별이 잘 보여요? ✨

뜨거운 태양이 이글거리며 천지를 빛내고 있습니다. 푸른 녹음이 우거진 산들이 저 멀리서 손짓하고 있습니다. 매미 소리가 귓전에서 메아리칩니다. 만물에서 생동감이 넘치는 여름입니다.

여름 방학이 되었습니다. 방학은 학생들이 가장 기다리는 시간입니다. 학교와 집만을 오가던 틀에 박힌 생활에서 벗어날 수 있는 절호의 기회이니까요.

호성이에게 이번 방학은 좀 더 특별한 방학이 될 것입니다. 무엇보다 천체관측을 본격적으로 시작한 후 처음 맞이하는 방학이었으니까요.

학교에 다니는 동안에는 별을 마음껏 보기가 어려웠습니다. 별 관측은 밤에 하는 일이기 때문에 별을 보려면 잠을 제대로 잘 수 없습니다. 혹시나 학교 수업에 방해가 될까 하여 호성이네 부모님은 자정 이후로 별을 보는 것을 금하셨습니다. 또 꼭 그 이유 때문은 아니었지만 호성이 스스로도 밤늦게까지 별을 보는 것을 삼갔습니다. 밤늦게 별을 본 날은 그 다음날 학교에서 어김없이 졸았으니까요.

여름 방학 때에는 호성이에게 큰 일이 두 차례 계획되어 있습니다. 한 번은 아버지와 같이 천문대를 방문하는 것입니다. 두 번째는 학교 천체관측반에서 천문 캠프를 간다고 했습니다. 그야말로 본격적인 관측을 하는 것입니다. 호성이로서는 그날이 기다려질 수밖에 없었습니다. 별을 본다는 면에서도 그렇고, 은하랑 같이 별을 보러 간다는 사실에 있어서도 그렇습니다.

호성이는 지도를 펴고 우리나라의 천문대 위치들을 찾아보고 있었습니다.

"우리나라에서 가장 큰 천문대는 보현산에 있다던데, 도대체 어디

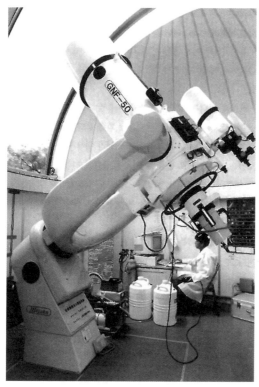

에 있는 산일까?"

지리 시간에 배운 우리나라의 유명한 산들 중에서 보현산이라고는 들어본 적이 없습니다.

거실에 누워 지도책을 펴보던 호성이는 슬슬 부아가 치밀어 올랐습니다. 한 번 하면 끝까지 하는 성격인 호성이는 본격적으로 보현산을 찾기 시작했습니다. 결국 10여 분 만에 보현산을 찾을 수 있었습니다. 보현산은 경상북도 영천시에서 조금 북쪽에 위치해 있는 해발 1,200mm 가량의 높은 산이었습니다.

보현산에 망원경이 들어오기 이전 약 20년간 우리나라에서 가장 유명했던 천문대는 소백산 천문대였습니다. 소백산 천문대에는 구경

61cm의 망원경이 설치되어 있습니다.

아주 오래전에 호성이는 소백산에 가보았던 기억이 있습니다. 물론 그때는 별을 보러 간 것이 아니었습니다. 아버지를 따라 등산을 하러 갔었습니다. 소백산 한쪽 봉우리에서 첨성대를 닮은 건물과 그 옆에 우뚝 서 있는 흰색 돔 건물을 보았습니다. 그 안에 큰 망원경이 있다는 이야기를 듣고 궁금해했던 기억이 났습니다.

새벽안개가 자욱이 깔려 있는 저편으로 층층이 둘러싸인 산봉우리들 사이에서 떠오르는 태양빛을 받으며 반짝거리는 흰색의 천문대 그 아래로 불붙는 듯 피어오른 분홍빛 철쭉 바다.

그것은 호성이에게 참으로 즐거웠던 추억이었습니다. 비록 천문대 내부를 구경해보지는 못했지만, 그때의 기억은 참으로 강렬히 남아 있습니다.

그제서야 호성이는 이상한 생각이 들었습니다. 왜 유명한 천문대는 모두 높은 산꼭대기에 위치해 있을까요?

관측 장소 필수요건

도심에서 하늘을 쳐다보면 별들이 거의 보이지 않습니다. 하늘에 별들이 없는 것일까요? 아니면 별들이 어디로 사라진 것일까요? 도심에서 별들이 잘 보이지 않는 이유는 도시의 밝은 불빛과 공해 때문이랍니다. 그러므로 주위가 어둡고 공기가 맑은 시골로 가면 별들이 더욱 뚜렷하게 보이지요.

별을 볼 관측지의 첫째 요건은 불빛이 없어야 합니다. 주위에 대도시가 있어 하늘을 밝게 비춘다면 별은 잘 보이지 않습니다. 얼마나 하늘이 어두운가 하는 점이 관측 장소를 결정해 주는 가장 중요한 요건입니다.

둘째로는 하늘이 트여 있어야 합니다. 아무리 하늘이 깜깜하다고 해도 하늘이 높은 산이나 나무로 많이 가려져 있다면 별을 보기 어렵겠지요. 동쪽이나 서쪽에 위치한 대상들은 하늘 높이 떠오르지만 남쪽의 대상들은 그렇지 않습니다. 그러므로 적어도 남쪽만은 많이 트인 장소가 좋습니다. 또 가끔 혜성들이 동쪽이나 서쪽 지평선 근처에서 출몰할 경우도 있기 때문에 동쪽이나 서쪽 하늘이 트여야 하는 것이 그다음 요건입니다. 북쪽은 북극성이 보일 정도면 충분합니다.

셋째로는 주변에 큰 강이나 호수가 없어야 합니다. 강이나 호수가 있으면 새벽에 이슬이 많이 내리고 습기가 많으며, 안개가 많이 낍니다. 이것은 천체관측을 방해하는 대표적인 것들이므로 가급적 피하는 것이 좋습니다.

넷째로는 대기가 안정된 장소여야 합니다. 하지만 대기가 안정된 장소를 초보자들로서는 알기가 어렵습니다.

이 밖에도 야외의 장소라면 망원경을 세워두고 또 활동할 수 있는 충분히 평탄한 공간이 확보되어야 합니다. 가급적이면 쉽게 접근이 가능하지만 다른 사람의 방해를 받지 않는 장소가 좋습니다.

별을 보는 것은 한밤중에 활동하는 일이기 때문에 때로는 추위와 피로가 문제가 되기도 합니다. 이를 대비해서 몸을 편안하게 쉴 수 있는 장소가 마련되어 있는 곳이라면 더욱 좋겠지요. 이러한 모든 요건을 다 만족시키는 장소란 흔하지 않습니다. 그래서 많은 관측가들은 좋은 관측지를 찾아 전국을 돌아다니곤 합니다.

저녁에 아버지가 돌아오셨을 때 호성이는 궁금증을 참지 못하고 물어보았습니다.

"그건 말이다, 산 위에는 사람들이 살지 않기 때문에 불빛이 적어서 그렇단다. 또 산 위로 올라갈수록 먼지도 줄어들지. 당연히 대기도 깨끗할 것이고, 그러므로 별도 잘 보일 것 아니니?"

"그래요?"

도시에서 별이 잘 보이지 않는 이유로 도심의 불빛이 첫 번째 원인이라는 이야기를 이미 오래전에 들어본 바가 있던 호성이로서는 천문대가 불빛이 없는 곳에 있어야 한다는 사실이 쉽게 이해가 되었습니다.

"전 세계적으로 유명한 천문대들도 다 그런 곳에 있단다. 유명한 천문대는 하와이나 북아메리카의 로키산맥, 남아메리카의 안데스산맥 그리고 호주의 높은 산에 위치해 있단다. 대부분이 해발 2,000m 이상이지."

아버지는 설명을 해주셨습니다.

"그런데 우리나라는 왜 1,000m밖에 안 되는 곳에 천문대를 세웠어요?"

호성이가 보현산을 지도에서 가리키며 물어보았습니다.

"우리나라에는 높은 산이 없어서 그렇단다. 사실 남쪽만 따지면 2,000m가 넘는 산이란 없으니까 어쩔 수 없지. 천문대의 입지 조건 중에서 가장 중요한 것 중 하나는 날씨가 맑은 날이 많아야 한다는 거야. 건조한 지역일수록 유리하지. 그런데 사실 우리나라의 경우는 비가 많이 오는 기후라서 천문대를 설치하기에 적합하지 않단다."

사막 지역에 비하면 우리나라는 비가 매우 많이 옵니다. 우리나라에서 비교적 비가 적은 지역은 영남 지방이며 그렇기 때문에 보현산이 천문대가 들어서 있다는 설명도 덧붙이셨습니다.

"이웃 일본은 우리보다 더 비가 많이 온단다. 그래서 일본은 요즘엔 외국에다 자신들의 천문대를 짓고 있지. 얼마 전 하와이에 지은 스바루 천문대가 바로 그런 것이란다."

호성이는 오래지 않아 우리나라도 외국에 진출해서 천문대를 세울 날이 있으리라 생각했습니다.

"아, 참! 방학 때 데려가신다는 천문대는 어디예요?"

호성이가 물었습니다.

아버지는 빙그레 웃으시며 말씀하셨습니다.

"국가에서 운영하는 천문대는 견학하기에 좋은 장소이긴 하지만 직접 별을 볼 수 없단다. 그래서 이번에는 사설 천문대에 데려갈 생각이다. 사설 천문대에서는 하룻밤 숙박을 하면서 별을 볼 수 있거든."

"어디에 위치해 있는 천문대인데요?"

아버지는 지도에서 몇 군데 지역을 손가락으로 가리키며 말씀하셨습니다.

"우리나라에는 몇 군데에 사설 천문대가 운영되고 있단다. 사설 천문대는 물론 숙박료나 천문대 이용료를 내야 하긴 하지만, 관측 프로그램들이 준비되어 있어서 초보자들이 별을 보기에 매우 좋단다. 그 대표적인 곳이 경기도 안성, 여주, 그리고 가평의 명지산, 충북 보은의 구병산 등의 천문대란다."

호성이도 언젠가 들어본 적이 있습니다.

"이번에 우리가 갈 곳은 경기도 양평에 있는 사설 천문대란다. 개인이 운영하는 거라 규모는 비교적 작지만 오히려 별을 보기엔 더 좋은 점이 있지. 마침 은하네 아버지께서 그 사설 천문대 주인이랑 잘 안다니까 그 도움도 좀 받을 겸해서 말이야."

뜻밖의 이야기에 호성이는 깜짝 놀랐습니다.

"그럼 은하도 함께 가나요?"

"그럴 것 같다. 그 덕분에 더 재미있을 것 같구나."

국내 주요 관측지

　세계적으로 유명한 천문대를 찾아보면 모두가 높은 산에 위치해 있습니다. 최근에 지어진 세계 최대 망원경들인 VLT, 케크, 스바루 망원경들은 하와이의 마우나케아 산이나 또는 다른 고지대의 높은 산에 있습니다. 또 얼마 전까지만 해도 세계 최대 구경이었던 헤일 망원경은 팔로마 산 정상에 위치해 있습니다. 또 우리나라에서 가장 큰 망원경은 보현산 정상에 있습니다.

　이것을 보면 높은 산의 정상 부근이 천체관측에 좋은 장소임을 알 수 있습니다. 즉 별을 보기 가장 좋은 곳은 도시에서 멀리 떨어져 있는 높은 산 위입니다.

　우리나라에서 별이 잘 보이는 곳은 도심에서 멀리 떨어져 있으면서 해발고도가 1,000m 이상 비교적 높은 곳입니다 그 대표적인 곳이 바로 남부의 중심에 위치해 있는 지리산 영역이나 중부의 중심에 위치해 있는 덕유산 영역, 그리고 강원도의 태백산, 소백산 일대입니다. 이 지역들은 고도가 높으면서 대도시에서 멀리 떨어져 있어서 최고의 조건을 제공해 줍니다.

　이 밖에 아마추어 전문가들이 즐겨 찾는 대표적인 관측 장소로는 국가천문대가 위치해 있는 소백산, 보현산 이외에 강원도 태기산과 함백산의 임도, 덕초현, 김천의 황학산 바람재, 무주의 적상산, 민주지산, 덕유산 남사면 지역과 지리산 횡단도로 주차장 등이 있습니다.

　높은 산꼭대기가 아무리 좋다고 해도 언제나 항상 쉽게 그곳으로 관측을 나갈 수는 없습니다. 오고 가는 데 너무나 많은 시간이 걸리기 때문입니다. 그래서 국내의 많은 관측가들은 이들 지역보다 다소 가까워서 쉽게 별을 관측하러 갈 수 있는 장소를 물색해왔습니다. 그 대표적인 곳이 수도권 지역에서는 유명산, 명지산, 양평, 진천 등지입니다. 대전 부근에서는 영동, 상주, 칠갑산 등이며, 부산 지역에서는 가지산, 천황산 지역입니다. 또 대구에서는 창녕 화왕산, 가야산, 청송 등지로 많이 별을 보러 갑니다.

그마저 어려워서 도심의 집 부근에서 별을 보려면 어떤 곳이 좋을까요? 무엇보다 주위에 밝은 가로등이 없는 곳을 선택해야 합니다. 직접적으로 눈에 띄는 불빛만 피할 수 있다면 그래도 관측하기에 조금은 더 좋아집니다.

안드로메다은하는 어디에 있나요?

지루한 장마가 지나갔습니다. 많은 사람들이 산으로 들로 휴가를 떠났습니다. 마침내 그날이 왔습니다.

호성이와 아버지 그리고 은하와 은하네 아버지 이렇게 네 사람이 날씨가 화창한 어느 여름 오후에 길을 떠났습니다. 들뜬 마음에 기분이 좋아진 호성이는 가는 도중 내내 노래를 불렀습니다. 은하도 가끔 호성이의 노래에 맞장구를 쳐주었습니다.

한적한 산길로 접어든 얼마 뒤 그들은 천문대에 도착했습니다. 천문대는 산비탈 한쪽에 세워져 있었습니다. 하얀색으로 칠해진 자그마한 건물이었습니다. 언뜻 보면 시골의 한가로운 별장처럼 지어져 있었습니다. 천문대 앞에는 자갈밭이 있어서 차를 세우게 되어 있었습니다.

천문대를 본 호성이는 다소 미심쩍은 느낌이 들었습니다. 아무리 보아도 천문대를 대표하는 반구형의 흰색 돔, 즉 천문대 지붕이 보이지 않았기 때문입니다.

"여기가 천문대 맞아요?"

호성이가 의심의 눈초리를 보내자 은하 아버지께서 웃음을 터뜨리셨습니다.

"천문대라기보단 개인 집처럼 생겼지?"

"네."

"그건 말이다. 여기에 설치되어 있는 돔은 흔히 보는 원형 돔이 아니라 슬라이딩 돔이기 때문이란다."

호성이는 천문대 돔은 다 똑같이 생겼다고 생각하고 있었습니다. 그런데 다른 형태의 돔이 있다니 깜짝 놀랐습니다.

"주망원경 하나를 위해서 지어진 돔이 바로 우리가 흔히 보는 원형 돔이란다. 하지만 일반인들을 위한 관측소의 경우 망원경이 하나가 아니고 여러 개인 경우가 많지. 이때는 관측소의 지붕 전체가 열렸다가 닫혔다가 하는 것이 더 편리하단다. 바로 지붕 전체가 옆으로 미끄러지면서 열리는 돔을 슬라이딩 돔이라고 하지. 이 돔의 모습은 닫혀 있을 때 일반 집 지붕이랑 똑같단다."

그들이 천문대 건물 안으로 들어갔을 때 한 아저씨가 나타나셨습니다. 그 아저씨는 은하의 아버지를 보고 손을 흔드셨습니다.

"어이! 정 선생! 오랜만일세. 일찍 도착했네?"

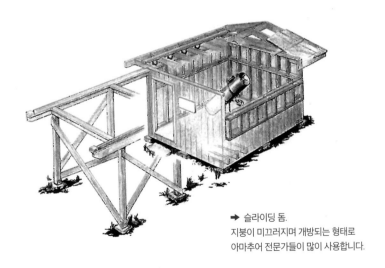

➡ 슬라이딩 돔.
지붕이 미끄러지며 개방되는 형태로
아마추어 전문가들이 많이 사용합니다.

"응, 다행히 차가 별로 막히지 않았어. 오늘도 사람들이 많이 왔는가?"

"별로 없어. 부근 학교에서 10여 명의 학생들이 별 보러 온 것 외에는…. 오늘 날씨가 좋은 걸 보니 관측은 성공할 모양이야!"

은하 아버지는 친구분에게 호성이와 은하를 소개하셨습니다.

그들은 천문대 구석에 있는 자그마한 방에 짐을 풀었습니다. 창밖에는 시골 풍경이 한가롭게 펼쳐져 있었습니다. 그제서야 시골로 놀러 온 기분이 났습니다. 복잡한 도시를 벗어나 시골의 푸른 느낌이 온몸을 시원하게 적셨습니다.

저녁을 먹고 난 후에는 천체 슬라이드 상영이 있었습니다. 화려한 밤하늘의 별들이 영상으로 나타났습니다. 호성이와 은하는 다른 학생들의 틈에 끼어 그 영상들을 보았습니다. 역시 우주란 흥미롭고 재미있습니다.

천체 슬라이드 상영 시간이 지난 다음에는 천체관측 시간입니다. 천체관측 시간은 주망원경 관측 시간과 소형 망원경 관측 시간으로 나누어져 있었습니다. 호성이와 은하는 다른 학생들의 관측이 끝난 뒤 주망원경을 구경하기로 했습니다.

소형 망원경 관측을 하기 위한 옥상에서 은하의 아버지는 자신의 망원경을 조립하고 계셨습니다.

주변에는 비슷한 크기의 망원경들이 참 많았습니다. 대개가 100mm 굴절망원경과 150mm 반사망원경, 200mm 슈미트 카세그레인 망원경 등이었습니다.

은하는 아버지가 망원경을 조립하시는 것을 옆에서 도왔습니다. 호성이가 옆에서 살펴보니 역시나 자신이 가지고 있는 작은 망원경에 비해서 무척 복잡합니다.

어느새 하늘에는 은하수가 저 너머로 걸려 있습니다. 밤하늘을 가로지르는 여름밤 은하수는 무척이나 화려했습니다.

"벌써 시간이 많이 흘렀구나. 은하수가 저 너머로 흘러가고, 여름철 대삼각형이 하늘 높이 떠올라 있는 것을 보니."

호성이와 은하는 하늘을 쳐다보았습니다. 말 그대로 별이 쏟아지는 밤입니다. 이렇게 야외로 나와 보면 도심에서는 보이지 않던 별들까지 다 보입니다. 별자리마저 어느 것인지 어리둥절해집니다.

은하는 호성이에게 별자리를 알려주었습니다. 호성이는 이렇게 맑은 밤하늘을, 별이 쏟아지는 밤하늘을 본 것이 정말 오랜만입니다.

은하의 아버지는 천체사진을 찍으셨습니다. 여름철 은하수가 져버리기 전에 찍을 것이 있다고 하시면서 말입니다. 호성이는 그것을 보면서 자기도 언젠가 은하의 아버지처럼 천체관측 베테랑이 되리라고 생각했습니다. 오래지 않아 호성이의 공부방에도 호성이 자신

이 직접 찍은 천체사진이 걸릴 날이 올 것입니다.

안드로메다은하의 관측

가을 밤하늘을 쳐다보면 북천 하늘 높이 가로지르는 은하수 아래로 가을을 대표하는 유명한 별자리인 페가수스와 안드로메다자리가 하늘을 수놓고 있습니다.

달 없는 어두운 밤이면 안드로메다자리의 한쪽 구석에서 흐릿한 빛을 발하는 빛무리를 발견할 수 있습니다. 바로 안드로메다은하입니다.

안드로메다은하를 보려면 안드로메다자리를 확실히 알고 있어야 합니다. 안드로메다의 오른쪽 무릎 부분에 은하가 위치해 있습니다. 그러므로 별자리를 확실하게 짚을 수 있다면 은하를 찾는 것은 어렵지 않습니다.

안드로메다은하는 맨눈으로도 그 존재를 확인할 수 있는 거대한 은하입니다. 우리나라에서 우리은하를 제외하고 볼 수 있는 가장 큰 은하입니다. 그 크기는 보름달을 일곱 개가량 늘어놓은 것과 동일합니다. 이 은하까지의 실제 거리는 약 220만 광년으로 매우 멀리 떨어져 있습니다.

쌍안경으로도 이 은하는 대단히 훌륭한 관측 대상입니다. 쌍안경에서는 은하의 모습이 보다 뚜렷해지며 은하의 밝은 중심부와 주변 나선팔의 다소 어두운 부분을 확실히 구분할 수 있습니다.

소형 망원경으로는 이 은하에 동반되어 있는 두 개의 위성은 은하를 볼 수 있습니다. M32, M110으로 명명되어 있는 이 두 은하는 그 크기가 작아 망원경에서는 흐릿하게 별이 퍼진 모습으로 보입니다. 두 은하 중 한 은하는 비교적 어두워 소형 망원경에서 주의가 필요합니다. 망원경에서도 안드로메다은하의 나선팔을 명확히 그려내기란 거의 불가능합니다. 그러므로 은하는 빛의 뿌연 덩어리처럼 보인다고 생각하면 됩니다.

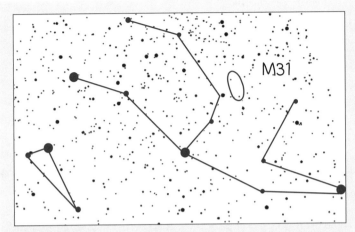

안드로메다은하 위치

안드로메다은하

새벽이 되니 여름의 대삼각형은 서쪽 하늘 높이 넘어갑니다. 은하
수도 북쪽 하늘 높이 걸립니다. 가을철 별자리가 서서히 동쪽 하늘에

떠올랐습니다.

"호성아 저기를 봐."

은하가 하늘 저편을 가리켰습니다.

"어디?"

"저기 말이야. 뭔가 뿌연 것이 보이지 않아?"

은하가 가리키는 곳을 보니 정말 작은 구름 같은 것이 느껴졌습니다. 페가수스가 이루는 가을의 사각형에서 북동쪽으로 조금 지나간 곳에 뭔가 색다른 것이 있는 것처럼 느껴집니다.

호성이는 쌍안경으로 그곳을 찾아보았습니다. 밝은 별 옆에 뿌연 것이 타원형으로 보입니다. 그 타원형의 중앙부는 무척 밝습니다.

"저게 뭐지?"

호성이가 은하를 돌아보며 물었습니다.

"저것은 안드로메다은하야."

"응? 저게 안드로메다은하? 그 유명한 안드로메다은하?"

호성이는 깜짝 놀라 자세히 쌍안경을 쳐다보았습니다.

"사진에서 보던 것이랑 좀 다르게 보이지? 은하의 중심부는 매우 밝지만 은하의 주변부가 좀 어둡지. 주변부가 바로 은하의 나선팔 영역인데 우리 눈엔 잘 안 보여. 사진에서는 뚜렷하지만."

은하가 설명을 해주었습니다. 호성은 쌍안경으로도 은하를 볼 수 있다는 사실이 새삼 놀라웠습니다. 쌍안경이 작지만 많은 것을 보여준다는 사실을 책에서 본 기억이 났습니다.

"아버지께 망원경으로 보여달라고 할까?"

그들은 은하의 아버지께 안드로메다은하를 보여달라고 부탁했습니다. 아버지께서 쾌히 승낙을 하시자 은하는 망원경을 직접 조준해 안드로메다은하를 맞추었습니다.

"잘 보면 안드로메다은하의 위성 은하가 두 개 보여. 하나는 밝고 하나는 어둡지. 한번 찾아봐."

호성이는 망원경을 들여다보았습니다. 시야의 중심에 뿌연 것이 하나 들어왔습니다. 바로 안드로메다은하의 중심부입니다. 시야 전체는 투명한 커튼이 쳐진 것처럼 약간 뿌연 색으로 빛나고 있었습니다. 은하는 그것이 안드로메다은하의 표면이라고 했습니다. 하지만 경험이 없는 호성으로선 그것이 은하인지 잘 모르겠고, 은하의 중심부가 매우 밝고 큰데 가장자리의 경계가 불명확하다는 사실만 보였습니다. 급격히 밝기가 변하는 곳이 없이 매우 부드러운 모습이었습니다.

"위성 은하는 어디 있지?"

호성이 묻자 은하가 망원경을 다시 한번 들여다본 다음 설명을 해 주었습니다.

"잘 보면 매우 작은 뿌연 것이 하나 있어. 언뜻 보면 별처럼 보여. 은하의 중심부에서 비스듬히 약간 위쪽으로 가면 밝은 별처럼 보이는 것이 바로 그거야. 보이니?"

은하의 설명을 따라 안드로메다은하 위쪽을 자세히 살펴보았습니다. 밝은 별처럼 보이는 자그마한 뿌연 타원형 은하가 하나 보였습니다. 작은 은하들은 그렇게 보이나 보다고 호성은 생각했습니다.

"다른 하나는 안드로메다은하의 북쪽에 있어. 망원경에는 아래쪽인데, 좀 전의 그 작은 위성 은하보다는 조금 더 멀리 있어 망원경 시야를 조금 움직여 보아야 할 거야. 또 좀 어둡지. 하지만 크기는 더 크다고."

호성은 망원경이 겨누어진 곳을 약간 북쪽으로 옮겼습니다. 안드로메다은하의 중심부가 시야의 한쪽 끝에 다다랐을 즈음 새로운 대상이 하나 들어왔습니다. 그것은 매우 흐릿해 확인하기가 쉽지 않았지만 보면 볼수록 또렷해졌습니다. 크기는 좀 전의 것에 비해 약 두 배가량 되었습니다.

"안드로메다은하는 M31이라고 이름이 붙어 있고, 처음 본 작은 은하는 M32, 나중에 본 어둡고 좀 더 큰 것은 M110이라고 알려져 있어."

은하란?

오래전 인류는 지구가 우주의 중심이라고 믿었습니다. 그러나 곧 지구가 태양 주위를 돌고 있다는 사실을 깨달았으며, 그로부터 얼마 뒤에는 태양마저 다른 별들과 그리 차이가 없다는 사실을 알게 되었습니다. 그리고 곧 수천억 개의 별들이 모여 은하를 형성하고 있으며, 그 은하가 바로 밤하늘을 휘감고 있는 은하수란 점도 알게 되었습니다.

즉, 은하란 별들이 모여 있는 거대한 집단입니다. 우주에는 이러한 은하들이 또다시 셀 수 없을 만큼 많이 있습니다. 이것이 현재 우리가 알고 있는 우주의 모습입니다.

은하는 그 모습에 따라 여러 가지로 분류됩니다. 우리은하나 안드로메다은하처럼 나선형의 팔이 휘감고 있는 은하를 나선은하라고 합니다. 또 별들이 타원형으로 모여 있는 은하를 타원은하라고 합니다. 이외에도 충돌하는 은하라든가 내부에 암흑대가 발달해 있는 이상한 모습의 은하들이 많이 있습니다. 바로 불규칙은하라고 합니다.

지구에서 볼 수 있는 가장 밝은 은하는 대마젤란과 소마젤란 은하입니다. 이 두 은하는 매우 가까이 있어서 우리은하의 위성 은하라 할 수 있습니다. 하지만 대마젤란과 소마젤란 은하는 남반구에서만 볼 수 있습니다.

우리나라에서 볼 수 있는 가장 크고 밝은 은하는 안드로메다은하입니다. 안드로메다은하는 맨눈으로도 보입니다. 그다음 볼 수 있는 대표적인 은하

대마젤란은하. 남반구에서 맨눈으로 볼 수 있습니다.

는 삼각자리의 나선은하인 M33입니다. 이 은하는 맨눈으로 보기에는 어려우나 쌍안경으로 그 존재가 확인됩니다.

이 밖에도 소형 망원경으로 볼 수 있는 수많은 은하들이 있습니다. 큰곰자리의 M81, M82, 사자자리의 M65, M66, 사냥개자리의 M51 등이 대표적인 것들입니다. 또 머리털자리와 처녀자리에는 소형 망원경으로 존재를 확인할 수 있는 많은 은하들이 모여 있습니다.

★ 플레이아데스성단은 맨눈으로도 보여요 ★

안드로메다은하를 본 호성이는 쌍안경으로 하늘의 여기저기를 둘러보았습니다. 은하수 부근을 쌍안경으로 여행해보니 참으로 다양한 것들이 보였습니다. 쌍안경을 가득 채우는 별들의 향연은 참으로 화려했습니다.

호성으로선 은하수에서 간혹 보이는 자그마한 별들의 집단이 무엇인지 아직 모릅니다. 은하의 이야기로는 그러한 모든 것들이 망원경으로 보면 화려한 모습을 하고 있는 성운·성단·은하라고 했습니다.

문득 호성은 동쪽 지평선 산 위쪽으로 떠오르는 이상한 것을 발견했습니다. 처음에는 뿌연 구름 같은 것이어서 이상하다 생각하고 있었는데, 시간이 흐를수록 점차 명확해졌습니다. 그것은 작은 별들이 가득 모인 것처럼 보였습니다.

"은하야! 저기 이상한 게 떠 있는데? 보이니?"

호성이 동쪽 하늘을 가리키며 물었습니다.

아버지와 함께 이것저것을 찾아보던 은하는 호성의 물음에 달려와 하늘을 쳐다보았습니다.

"아! 그건 말이야, 플레이아데스성단이야. 칠자매라 하기도 하고 좀생이별이라고 하기도 하는데, 별들이 십여 개 모여 있어서 그렇게 뿌옇게 보이는 거야."

은하의 말에 호성이는 쌍안경을 겨누어보았습니다.

"하나, 둘, 셋, 넷….."

밝은 별이 모두 여덟 개 보였습니다. 또 그 밝은 별 뒤편으로 작은 별들이 수북이 빛나고 있었습니다.

"저 별무리는 맨눈으로 보아도 눈이 좋은 사람은 별들을 셀 수 있다고 해. 너는 몇 개나 보이니?"

은하의 말에 호성이는 눈을 크게 치켜뜨고 쳐다보았습니다. 하지만 호성이의 눈에 보이는 플레이아데스성단은 별들이 서로 엉켜서 뿌연 덩어리로만 보였습니다. 호성이는 눈이 그리 좋지 않나 봅니다.

"은하 넌 몇 개로 보이는데?"

"나도 뚜렷하진 않아. 하지만 서너 개 정도의 별로 구분되긴 해. 어떤 사람은 십여 개까지 보인다던데, 그런 사람은 얼마나 눈이 좋은 걸까?"

쌍안경으로 보이는 플레이아데스성단은 푸르스름한 빛에 감싸여 있었습니다. 그 모습은 무척이나 신비하게 보였습니다.

"이처럼 별들이 모인 것을 성단이라고 불러. 특히 플레이아데스성단처럼 넓게 퍼진 성단을 산개성단이라고 하지. 플레이아데스성단은 태어난 지 얼마 되지 않은 어린 성단이야. 어리다고 해도 몇 백만 년은 훨씬 더 지난 것이지만."

은하의 설명은 막힘이 없었습니다. 은하를 따라가려면 아직 멀었다고 호성은 생각했습니다. 도대체 은하는 얼마나 알고 있는 것일까요?

시야 넓히기

플레이아데스성단 관측

초가을 저녁 동쪽 하늘을 보면 몇 개의 별들이 뭉친 상태로 떠오르는 별

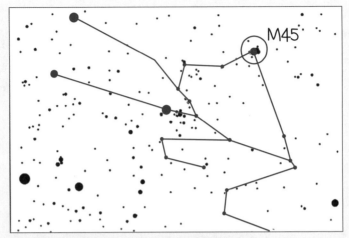

플레이아데스성단 위치

플레이아데스성단

무리를 볼 수 있습니다. 이 별무리는 황소자리에 위치해 있으며, 황소자리의 가장 밝은 별인 알데바란의 조금 서쪽에 위치합니다. 이 별무리가 바로 플레이아데스로서, 늦가을이면 하늘 높이 떠오릅니다.

플레이아데스는 눈이 좋은 사람이면 여섯 개에서 여덟 개가량의 별을 셀 수 있습니다. 하지만 눈이 나쁜 사람에게는 별이 번져 흐릿한 하나의 빛 덩어리처럼 보입니다.

플레이아데스는 오래전부터 칠공주 또는 칠자매라고 불리었으며, 우리나라에서는 좀생이별, 묘성 등으로 표현되곤 했습니다.

플레이아데스는 태어난 지 얼마 안 되는 어린 별들이 모인 성단입니다. 이 성단은 밝은 별 십여 개와 보다 어두운 백여 개의 별들로 이루어져 있습니다. 대부분의 별들은 푸른색이며, 이 별들의 주변에는 푸른색의 빛 무리가 어려 있습니다. 바로 플레이아데스 반사성운입니다. 플레이아데스에서 가장 밝은 별은 알키오네라고 불리는 2.8등급의 밝은 별입니다.

맨눈으로도 그 특징이 뚜렷하게 드러나므로 플레이아데스를 찾는 것은 그리 어렵지 않습니다. 전 하늘에서 이처럼 밝은 별들이 옹기종기 모여 있는 것은 오직 플레이아데스뿐이니까요.

플레이아데스는 쌍안경에서 더욱 환상적인 모습을 보여줍니다. 쌍안경으로 본 플레이아데스는 누구나 탄성을 지를 만큼 아름답게 보입니다. 이 성단은 전 하늘에서 쌍안경으로 볼 수 있는 가장 멋진 대상 중 하나입니다.

망원경으로는 가급적 저배율로 보아야 하며, 고배율이 되면 그 전체 모습을 볼 수가 없습니다.

은하의 아버지께서 호성이와 은하를 부르셨습니다. 호성이가 궁금해하는 플레이아데스성단을 망원경으로 겨누어두었다고 하셨습니다.

망원경으로 본 플레이아데스성단은 참으로 예쁘게 보였습니다. 푸른색으로 반짝거리는 별빛은 대단히 화려했습니다.

"이 플레이아데스를 보고 반하지 않는 사람이 없지. 넌 어떻게 생각하니?"

은하의 아버지께서 호성이에게 그 소감을 물으셨습니다.

"저도 그렇게 생각해요. 별들이 이렇게 아름다운 줄은 꿈에도 몰랐어요. 특히 이 별들은 푸른빛이 번져 보이네요? 좀 특이한데요?"

"그것은 플레이아데스성단에 푸른색의 반사성운이 존재하기 때문이란다. 별이 모인 것을 성단이라고 하듯이 우주 공간에 떠있는 가스가 빛을 내는 것을 성운이라고 하지. 성운은 성단과 함께 우리가 즐겨 보는 대상이란다."

호성의 눈은 망원경에서 떨어질 줄을 몰랐습니다.

 시야 넓히기

성단이란?

밤하늘에는 수많은 별들이 반짝이고 있습니다. 그 대부분의 별들은 태양계 밖에 존재하는 또 다른 항성들입니다.

은하의 구성원은 별과 별 사이의 성간 가스들입니다. 은하 내부의 별들은 무질서하게, 또는 균일하게 분포되어 있는 것이 아닙니다. 우리은하의 경우 대부분의 별들은 은하의 나선팔을 따라 존재하고 있습니다. 그것은 우리의 태양도 마찬가지입니다.

때로는 수천 개 또는 수만 개의 별들이 모여 집단을 이루기도 합니다. 이처럼 별들이 모여 있는 것을 성단이라고 부릅니다.

성단에는 구상성단과 산개성단이 있습니다. 구상성단은 별들이 공처럼 둥글게 모여 있는 것을 말합니다. 구상성단의 중앙으로 갈수록 별의 밀도는

구상성단. 오메가 센타우리성단. 하늘에서 가장 큰 구상성단입니다.

점점 높아집니다. 구상성단은 우리은하의 한 구성원으로 은하 주위 모든 방향에 퍼져 존재하고 있습니다. 그러므로 우리는 하늘의 어느 부분을 보더라도 구상성단을 볼 수 있습니다. 그중에서도 특히 뱀주인자리, 궁수자리 영역에서 많은 수의 구상성단을 볼 수 있습니다. 그 이유는 이 지역이 우리은하의 중심 부근이기 때문입니다.

구상성단 중에서 가장 유명한 것은 오메가 센타우리성단입니다. 이 성단은 너무나 밝아서 옛날 사람들은 별로 착각을 하고 별의 이름을 붙여두었습니다. 또 비슷한 것으로 큰부리새자리 47번 별도 구상성단입니다. 안타깝게도 이 대상들은 남반구에 위치해 우리나라에서는 볼 수가 없습니다. 우리나라에서 볼 수 있는 가장 밝은 구상성단은 헤라쿨레스자리에 있는 구상성단 M13입니다. 이 밖에 궁수자리의 M22, 뱀자리의 M5, 목자자리의 M3, 페가수스자리의 M15 등이 대표적인 구상성단으로, 소형 망원경에서도 확인 가능한 구상성단입니다.

구상성단보다 별이 성기게 모여 있는 성단을 산개성단이라고 합니다. 산개성단은 일정한 모양이 없습니다. 또 별의 수도 훨씬 작은 것이 보통입니다. 유명한 산개성단으로는 플레이아데스성단, 프레세페 성단 등이 있습니다. 이 밖에 소형 망원경으로 볼 만한 대상으로는 페르세우스 이중성단과 방패자리의 M11, 전갈자리의 M7, 고물자리의 M46 등이 있습니다.

✨ 오리온은 정말 아름답네요 ✨

새벽이 되었습니다. 어느덧 동쪽 하늘이 뿌옇게 밝아옵니다. 동쪽에 위치한 산 위로는 어느새 겨울철 별자리인 오리온자리가 머리를 내밀고 있습니다. 한여름에 오리온자리가 떠오른다는 사실은 호성이에게 무척이나 신기한 경험이었습니다.

저 오리온자리에 오리온 대성운이 있을 것입니다. 하지만 이미 밝아진 하늘 때문에 오리온 대성운의 관측은 다음으로 미루지 않으면 안 되었습니다.

오리온 대성운

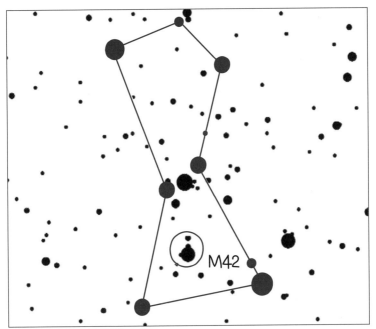

➡ 오리온 대성운의 위치

오리온 대성운 관측

겨울밤을 빛내는 친숙한 오리온자리에는 이 별자리를 더욱 유명하게 만드는 것이 하나 있습니다. 바로 오리온 대성운입니다.

오리온자리의 중앙에는 밝은 별들이 세 개 나란히 늘어서 있습니다. 이 별들의 아래쪽에는 수직으로 또다시 세 개의 별들이 늘어서 있습니다. 이 세 개의 별 중앙에 있는 별을 자세히 살펴봅시다.

단순히 맨눈으로 보더라도 이 별이 무언가 다르다는 것을 느낄 수 있습니다. 어딘지 모르게 별이 약간 뿌옇고 부어 있는 듯한 느낌이 그것입니다. 쌍안경으로는 흐릿한 구름 같은 것에 둘러싸여 있는 밝은 별을 볼 수 있습니다. 이것이 바로 그 유명한 오리온 대성운입니다.

소형 망원경으로 오리온 대성운을 보면 그 모습은 한층 새롭게 보입니다. 별 주위로 뿌연 구름이 넓게 퍼진 것이 눈에 뜨입니다. 그 모습은 흡사 새가 날개를 펼친 것과 비슷합니다. 오리온 대성운의 중심부에 있는 별을 고배율로 보면 별들이 다시 네 개로 나누어져 보입니다. 네 개의 별들이 마름모 형태로 붙어 있는 모습은 무척이나 이름답습니다. 이 별을 트라페지움이라 부릅니다.

오리온 대성운을 보다 큰 망원경으로 보면 성운 내부에 엉켜 있는 가스들의 모습을 보다 명확히 볼 수 있습니다.

초보자들은 이 성운을 보고 궁금증을 느낍니다. 사진에서는 붉은색으로

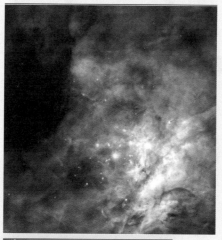

트라페지움.
오리온 대성운 중심부에 별이 네 개
모인 것을 가리킵니다.

찍혀 있는데 실제로 망원경으로 보니 희뿌연 색깔로 보인다는 것입니다. 왜 그럴까요? 망원경으로 어떤 대상을 보았을 때 그 대상의 색상을 볼 수 있는 경우는 거의 없습니다. 그 이유는 사람의 눈은 어두운 곳에서 색상을 느끼지 못하기 때문입니다. 또 사진기의 필름처럼 어두운 빛을 축적하지도 못하기 때문입니다.

성운이란?

우주에는 많은 별들이 있지만 이 별들보다 더 많은 성간 가스들이 있습니다. 이런 성간 가스들은 우리가 보았을 때 흡사 구름처럼 보이기 때문에 성운이라고 이름 지어져 있습니다. 이 성간 가스들은 대부분 수소와 헬륨으로 구성되어 있습니다.

이 성운들 중 어떤 것은 주변이나 내부의 밝은 별에 의해 에너지를 받아 스스로 빛을 내기도 합니다. 이런 성운들을 발광성운이라 합니다. 발광성운은 주로 붉은색의 빛을 냅니다. 오리온 대성운 같은 것이 발광성운의 대표

말머리 암흑성운. 오리온자리 제타별 부근에 있습니다.

행성상성운. 백조자리에 있는 아령성운(M27)입니다.

적인 것입니다.

　어떤 성운들은 단순히 주변 별빛을 반사하여 빛나기도 합니다. 이런 성
운은 푸른색으로 나타납니다. 이를 반사성운이라 합니다. 플레이아데스성
단 주변을 감싸고 있는 푸른색 성운이 바로 반사성운입니다.

　성운이 매우 진하게 모여 있으면 배경 별빛이나 성운의 빛을 가로막게
됩니다. 빛을 막으면 매우 어두워지므로 우리의 눈에는 보이지 않습니다.
이런 성운을 암흑성운이라 합니다. 오리온자리의 말머리성운이 대표적인
암흑성운입니다. 암흑성운은 배경의 별들이나 배경 성운의 빛으로 성운의
존재를 확인할 수 있지만 소형 망원경으로는 관측하기 어렵습니다. 우리은
하의 중심부인 궁수자리 부근에는 많은 암흑성운들이 있습니다.

　별이 그 수명을 다하게 되면 폭발을 일으키면서 그 표면의 일부를 외부
로 날려버리게 됩니다. 이때 날려간 별의 껍질은 빛을 내며 별 주위를 감싼
채로 보이게 됩니다. 이런 성운은 망원경으로 보았을 때 행성과 비슷한 모
습으로 보입니다. 때문에 이를 행성상성운이라고 합니다. 하지만 사실 행성

과 아무런 관련이 없습니다. 백조자리의 아령성운이나 거문고자리의 고리 성운은 유명한 행성상성운입니다.

✨ '메시에'란 무엇인가요? ✨

둘째 날 밤에는 호성이와 은하에게도 주망원경으로 관측을 할 기회가 왔습니다.

천문대의 주망원경은 옥상의 한쪽 편에 설치되어 위용을 자랑하고 있었습니다. 호성으로서는 말로만 듣던 큰 망원경이었습니다. 사람의 키보다도 더 큰 망원경입니다. 쏟아지는 별빛에 그 모습을 드러내고 있는 망원경은 참으로 늠름하게 보였습니다.

"이 망원경의 크기는 얼마나 되나요?"

호성의 질문에 천문대장께서 웃으면서 대답해 주셨습니다.

"이 망원경은 16인치 반사망원경이란다. 16인치라면… 음, 400mm 가량 되는구나."

주경이 400mm라면 호성이의 망원경보다 엄청나게 큰 망원경입니다. 또 밖에 설치된 작은 망원경들에 비해서도 엄청나게 큰 망원경입니다.

"자, 지금 볼 것은 헤라쿨레스자리에 있는 유명한 구상성단인 M13이란다."

천문대장은 망원경을 조정하셨습니다. 잠시 침묵이 흐르며 망원경이 움직이는 소리가 들려왔습니다. 천문대장은 망원경을 들여다보시고 흡족한 미소를 지으셨습니다.

"정 선생님! 한번 보시지요."

은하의 아버지가 제일 먼저 망원경을 들여다보았습니다. 그다음

239

메시에와 메시에 대상 110개

이 호성이의 차례였습니다.

망원경으로 보이는 별하늘의 모습은 그야말로 장관이었습니다. 시야에 보석처럼 뿌려져 있는 수많은 별들이 모여 있었습니다. 중앙부의 셀 수 없는 별들은 하나하나 분해되어 보였고, 가장자리로 점차 퍼지면서 멋진 모습을 드러내고 있었습니다.

"아! 이게 바로 구상성단이란 것이네요."

"그렇단다. 구상성단의 대표 주자라 할 수 있는 M13이야."

"M13요? M(엠)이 무슨 뜻인데요?"

안드로메다은하 이야기가 나왔을 때도 은하가 M 어쩌고 했던 기억이 났습니다.

"아, 아직 잘 모르나 보구나. M은 메시에의 약자인데, 메시에란 사람이 발견한 성운·성단·은하를 가리킨단다. 1번부터 110번까지 목록으로 만들어져 있지. 아마추어들이 보는 대부분의 성운·성단이 바로 이 〈메시에 목록〉에 소속되어 있단다."

그제서야 호성이의 의문이 풀렸습니다. 자신도 열심히 별을 보다 보면 그 〈메시에 목록〉에 소속되어 있는 대상들을 모두 다 볼 때가 오래지 않아 올 것입니다.

"〈메시에 목록〉 말고 다른 것은 없나요?"

"물론 많지. 그럼 다른 것도 한번 볼까?"

메시에 대상

18세기의 유명한 프랑스 천문학자 샤를 메시에는 밤하늘에서 혜성과 유사한 대상 110개를 모아 목록을 만들었습니다. 그의 목적은 혜성 탐색 시 있을 수 있는 착오를 방지하기 위한 것이었는데, 여기에는 전 하늘에서 밝은 대부분의 성운·성단·은하가 들어 있습니다. 이를 오늘날 〈메시에 목록〉이라 합니다.

〈메시에 목록〉에 소속된 대상들은 흔히 M으로 표시됩니다. M1이라면

〈메시에 목록〉 1번, M31이라면 31번으로 안드로메다은하입니다. 또 오리온 대성운은 M42입니다. 메시에 목록은 모두 110개로 이루어져 있습니다.

　이 메시에 목록이 아마추어들에게 각광을 받는 이유는 소형 망원경으로 관측할 만한 모든 성운·성단·은하들이 대부분 수록되어 있다는 점 때문이지요. 즉, 이 〈메시에 목록〉은 밤하늘에 무한정 깔려 있는 성운·성단·은하들 중 관측할 만한 대상의 지표가 되어줍니다. 여기에 바로 그 중요성이 있습니다. 즉, 별을 보는 사람이라면 어느 누구도 피해 가지 못하는 또 반드시 발을 담가야 하는 중요한 목록이 되었습니다.

　대개의 경우 이 〈메시에 목록〉의 대상들을 모두 관측한 사람이라면 초보자의 위치에서 벗어났다고 할 수 있습니다. 여러분들도 하루 빨라 베테랑의 경지에 이르고 싶다면 〈메시에 목록〉의 정복부터 서두르는 것이 그 순서겠지요?

✨ 볼 만한 대상을 알려주세요 ✨

　다시 망원경이 지익 소리를 내며 천천히 움직였습니다. 역시 큰 망원경이 좋아 보입니다. 천문대장은 대상을 맞추는 동안 계속해서 설명을 해주셨습니다.

　"〈메시에 목록〉 이외에도 NGC(엔지시)라는 것이 있단다. 마찬가지로 성운·성단·은하 목록이지. 메시에보다 좀 어렵고 어두운 대상들이 많단다. 하지만 이 〈NGC 목록〉도 별을 본다면 절대 피해 갈 수 없어."

　망원경이 멈추어 서고 호성이는 다시 망원경을 들여다보았습니다. 망원경의 시야에 길쭉하게 생긴 뿌연 구름이 하나 떠 있었습니다. 그런데 자세히 보니 그 구름의 형체와 모습이 정말 기기묘묘했습

나선은하인 NGC 4414입니다.

니다. 일견해서 단순한 것 같으면서도 보면 볼수록 복잡한 모습이었습니다.

"이건 뭐예요?"

호성이가 물었습니다.

"그건 페가수스자리에 있는 나선은하란다. 안드로메다은하의 축소판처럼 생긴 것인데, NGC7331이란 이름이 붙어 있지. 물론 이 모습을 소형 망원경으로 보면 매우 어둡고 흐려 제대로 볼 수 없단다."

호성이는 은하에게 자리를 비켜주었습니다. 은하 역시 망원경을 보며 감탄의 환호성을 질렀습니다.

"외부 은하는 말이야… 초보자에게는 어렵고 보잘것없는 대상일 수 있어. 하지만 베테랑들에게는 그보다 더 좋은 대상이 없지. 정말 흥미롭단다. 그래서 이 아저씨는 은하를 가장 좋아한단다."

천문대장이 호성이에게 말했습니다.

그 말에 호성이가 씩 웃으며 응답을 했습니다.

"저도 은하가 좋아요."

은하가 그 말을 들었던 것일까요? 열심히 망원경을 들여다보다 무슨 이야기인지 몰라 궁금해하며 호성이를 쳐다보았습니다.

 **시야 넓히기**

NGC란?

아마추어 전문가들이 즐겨 보는 대상은 하늘에 떠 있는 별이 아닙니다. 그들이 즐겨보는 대상은 바로 성운·성단·은하 같은 대상들입니다. 〈메시에 목록〉 이외에 또 어떤 목록들이 있을까요? 그중 가장 널리 사용되는 목록은 바로 〈NGC 목록〉입니다.

〈NGC 목록〉은 19세기 말부터 20세기 초에 걸쳐 그때까지 발견되었던, 별이 아닌 성운형 천체를 모두 모아둔 것으로, 뉴제너럴 카탈로그(New General Catalogue, NGC)의 약칭입니다. 여기에는 모두 7,840개의 대상이 수록되어 있습니다. 사실 〈메시에 목록〉에 수록된 대상들도 〈NGC 목록〉에 대부분이 포함되어 있습니다. 〈NGC목록〉 이외에 흔히 볼 수 있는 목록으로는 〈IC목록〉이 있습니다. 〈IC목록〉은 인덱스 카탈로그(Index Catalogue, IC)의 약자로, 여기에는 모두 5,386개의 대상이 수록되어 있습니다. 그러므로 NGC와 〈IC 목록〉에 포함된 성운·성단·은하의 총 개수는 1만 3,226개입니다. 이 두 목록은 모두 당시의 유명한 천문학자였던 드레이어(J. L. E. Dreyer)가 만들었습니다.

이 〈NGC목록〉과 〈IC목록〉 내에는 우리가 통상적으로 이야기하게 되는 거의 모든 성운·성단·은하가 망라되어 있다고 보아도 무방합니다.

〈메시에 목록〉에 수록된 대상은 소형 망원경으로 쉽게 관측할 수 있기 때문에 별 어려움 없이 관측을 할 수 있지만, 〈NGC목록〉의 경우는 다릅니다. 〈NGC목록〉에 수록된 천체들은 어두운 것들이 많기 때문에 경험도 쌓고 계획을 세워 관측을 해야만 제대로 볼 수 있습니다.

✨ 대상을 겨누기가 어려워요 ✨

천문대에 다녀온 호성은 그때부터 본격적으로 하늘의 성운·성단들을 찾기 시작했습니다. 하지만 생각만큼 쉽지는 않았습니다.

천문대장 아저씨는 그냥 단추만 누르면 자동으로 망원경이 알아서 대상을 맞추어주는 고급 망원경이었으니 어려움이 없다 해도 은하 아버지는 분명 경우가 달랐습니다. 목표하는 대상을 금방 쉽게 맞추셨으니까요. 게다가 은하도 호성이가 보기에 매우 빨리 목표 대상을 망원경에 집어넣고 있었습니다.

그런데 호성이의 경우는 어떨까요? 성운·성단 같은 대상은 물론 말할 필요조차 없고, 일반 별을 맞추는 데도 혼란스러웠습니다. 처음에는 그냥 하늘만 겨누면 성운·성단이 보일 줄 알았는데, 하늘을 무턱대고 겨누었더니 이게 웬일입니까? 이름 모를 별만 한두 개 보이고 있었습니다.

그렇게 며칠을 보낸 호성이는 이게 아니라는 생각을 마침내 하기에 이르렀습니다. 하늘의 성운·성단들은 그냥 막연히 찾을 수 있는 것이 절대 아닙니다. 은하에게 물어보고 싶었으나 호성이의 자존심이 허락하지 않았습니다.

실시야 측정하기

천체망원경으로 성운·성단을 찾기란 생각보다 의외로 어렵습니다. 때문에 많은 초보자들이 이 시기를 극복하지 못하고 그만두는 경우가 많습니다. 성운·성단을 좀 더 편히 찾고, 관측에 도움을 주기 위해 미리 알아야 할 몇 가지가 있습니다.

먼저 파인더의 실시야를 알아야 합니다. 파인더의 시야는 하늘의 특정한 별을 겨누어봄으로써 알 수 있습니다. 가장 쉬운 대상은 북두칠성의 맨 앞 두 별입니다. 그 두 별 간의 거리는 약 5도 20분입니다. 그러므로 이 두 별이 한 시야에 적당히 들어온다면 파인더의 시야는 6도라고 보면 됩니다.

파인더의 시야 크기를 쟀으면 주망원경의 시야 크기도 한 번 재어봅시다. 주망원경의 시야는 아이피스가 바뀔 때마다 달라지므로, 모든 아이피스별로 한 번씩 재보고 또 기억하고 있어야 합니다.

천체망원경으로 천의 적도 부근에 위치한 별을 하나 겨눕니다. 모터를 끈 상태에서 이 별을 보면 별이 한쪽 방향으로 흘러갑니다. 이것으로 시야 내의 방향을 확인할 수 있습니다. 먼저 별은 동에서 서로 흘러가므로 별이

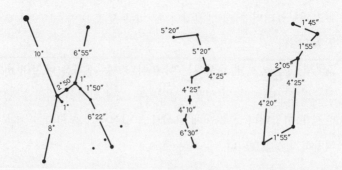

각거리를 재는 데 사용되는 별자리. 우리에게 친숙한 오리온자리, 북두칠성, 거문고자리가 흔히 쓰입니다.

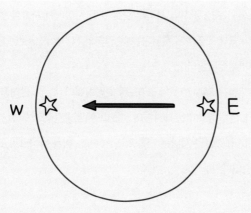

시야 측정법. 별을 망원경 시야의 동쪽에 두고 이 별이 중심을 지나 서쪽에 이르는 시간을 측정합니다.

흐르는 쪽이 서쪽입니다. 문제는 북쪽과 남쪽입니다. 대개의 경우 서쪽에서 시계 반대 방향으로 90도 회전한 곳이 바로 북쪽 방향입니다. 당연히 북쪽의 반대편이 남쪽이 되겠지요. 그러나 천체망원경에 천정 프리즘이 끼워져 있을 경우 상황이 달라집니다. 굴절망원경이나 슈미트 카세그레인식에서는 천정 프리즘을 끼워 관측하는 경우가 많습니다. 이 경우에는 반대로 서쪽에서 반시계 방향으로 90도 회전한 곳이 남쪽이 됩니다.

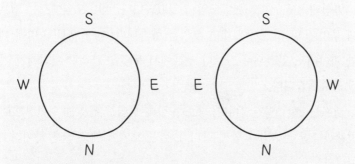

망원경에서 시야 방향. 왼쪽의 방향 표시 그림이 일반 망원경이고, 오른쪽의 방향 표시 그림이 천정 프리즘을 사용한 망원경입니다.

먼저 별을 동쪽 끝부분에 위치시킵니다. 그다음 가만히 들여다보고 있으면 별이 시야의 중앙을 지나 서쪽 끝으로 점차 시야에서 사라질 것입니다. 별이 시야의 끝에서 끝까지 흘러가는 데 걸리는 시간을 재어보면 망원경의 시야를 알아낼 수 있습니다.

천구상의 별은 24시간에 약 360도를 회전합니다. 즉, 1시간에 약 15도를 움직입니다. 별이 흘러가는 데 4분이 걸렸다면 그 망원경의 시야는 1도입니다. 만일 6분 걸렸다면 시야는 1.5도가 되겠지요. 이를 수식으로 표현하면 다음과 같습니다.

천체망원경의 시야(도)=0.25×별이 흐른 시간(분)

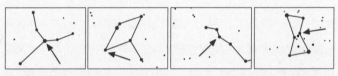

시야 측정에 사용되는 별들. 처녀자리의 감마별, 독수리자리의 델타별, 고래자리의 델타별, 오리온자리의 델타별을 화살표로 표시했습니다.

마침내 천문 캠프 준비 모임이 열렸습니다. 준비 모임에서는 캠프 때 무엇을 할 것인가에 대한 토의를 했습니다. 야영 생활 준비에 대한 이야기도 있었으나 그보다 캠프에서 무엇을 관측할 것인지가 가장 중요했습니다.

캠프는 2박 3일간입니다. 장소는 산속에 있는 청소년 수련장으로, 천체관측반 선생님과 함께 갑니다. 별을 보기에 매우 좋은 곳이라고 합니다.

"지금까지 캠프 때 가져가야 할 준비물에 대해 이야기했는데, 질문 있는 사람?"

반장인 김준이 학생들을 둘러보며 물었습니다.

"없습니다!"

호성이를 비롯한 반원들이 우렁차게 대답했습니다.

"그럼 지금부터 캠프에서 관측할 내용에 대해 이야기를 하겠습니다. 다른 때도 마찬가지이지만 캠프에 가면 별자리를 먼저 관측하게 됩니다. 별자리를 잘 모르는 학생들은 미리 예습해 오세요. 또, 밝은 성운·성단들을 망원경으로 볼 것입니다."

김준은 잠시 장내를 둘러본 후 계속 말을 이었습니다.

"이번 캠프에서 우리는 특별히 세 가지를 더 관측하게 됩니다. 그 첫 번째가 태양 관측입니다. 태양 관측은 가을 학예 발표회 때 연구 내용으로 발표할 예정이므로 관측을 제안한 팀을 주축으로 관측할 것입니다. 물론 팀이 아닌 사람들은 옆에서 구경만 해도 됩니다. 태양 관측팀 손들어보세요!"

모두 네 명의 학생들이 손을 들었습니다. 2학년 두 명과 1학년 두 명으로 짜인 팀이었습니다.

"캠프 때 잘할 수 있도록 준비를 철저히 하기 바랍니다."

김준은 당부의 말을 하고는 두 번째를 이야기했습니다.

"두 번째 특별히 관측할 사항은 엥케 혜성을 보는 것입니다. 이 혜성은 주기가 3년 정도인데, 마침 우리가 캠프를 갔을 때 서쪽 하늘에서 볼 수 있다고 해요. 별로 밝지 않아서 과연 볼 수 있을는지 의문이긴 하지만 한번 도전해볼 생각입니다."

그 말을 들은 호성이는 신이 났습니다. 호성이는 아직 한 번도 혜성을 본 적이 없었습니다. 잘하면 뜻밖의 수확을 거둘 수 있을 것 같았습니다.

"세 번째는… 이번이 페르세우스 유성군 극대기 때이므로 유성을 보기에 매우 좋습니다. 특히 이번에는 유성 관측 기록 발표를 학예회 때 하기로 했으므로 그 팀을 주축으로 구체적인 유성 기록을 할 예정입니다. 유성 관측팀은 손들어보세요!"

호성이는 손을 들었습니다. 자신이 유성 관측팀에 소속되어 학예회 때까지 연구 결과를 발표해야 한다는 사실을 이미 반장에게 오래 전에 통보를 받았습니다. 유성 관측팀에 소속된 사람 또한 네 사람이었습니다. 호성이 은하, 그리고 김준과 지난번에 별자리를 가르쳐주던 2학년 누나. 이렇게 네 사람입니다.

"이번 캠프의 활동이 학예회의 앞날을 좌우하므로 모두가 열심히 참여했으면 합니다."

김준이 이야기를 하자 한 학생이 손을 들고 질문을 했습니다.

"만일 비가 오거나 날씨가 흐리면 어떡하지요?"

그 말에 학생들이 한바탕 웃음을 터뜨렸습니다.

"하하, 비가 오면 어쩔 수 없지. 비가 오지 않도록 빌어야겠지요. 걱정한다고 해결될 문제는 아니니까 너무 신경 쓰지 말고 열심히 준비하도록 합시다."

말을 마친 김준이 단상을 내려갔습니다. 뒤를 이어 2학년 형 한 명이 올라왔습니다. 그는 학생들을 한번 휙 둘러보고는 말을 꺼내었습니다.

"빨리 집에 가고 싶겠지만 오늘 모인 김에 공부를 조금 하고 헤어지도록 합시다. 더구나 캠프 때 제대로 별을 보려면 사전 공부가 필수니까요. 지금부터 이야기할 내용은 천체망원경으로 대상을 잡는 방법입니다."

그 말을 듣는 순간 호성은 매우 기뻤습니다. 며칠 동안 자신이 고민하던 문제를 어떻게 알고 세미나까지 해주는 것일까요.

"망원경으로 천체를 찾는 방법에는 여러 가지가 있습니다. 그중 대표적인 방법이 바로 별들 사이를 짚어나가는 스타 호핑법입니다. 스타 호핑법을 해보려면 먼저 알아야 할 것이 바로 파인더의 시야 크기입니다. 또 주망원경의 시야 크기도 반드시 알아야 제대로 대상을 찾을 수 있습니다."

스타 호핑법

천체망원경으로 성운·성단을 찾는 방법에는 여러 가지가 있습니다. 초보자들은 흔히 막연히 하늘을 겨누면 성운·성단이 보일 것으로 생각하기도 하지만 실상은 그렇지 않습니다.

스타 호핑법은 성운·성단을 관측하는 가장 일반적인 방법입니다. 스타 호핑의 원래 의미는 별 사이를 망원경으로 옮겨 다니면서 찾는다는 뜻입니다. 이 방법으로 대상을 찾기 위해서는 밤하늘의 지도인 성도가 반드시 필요합니다.

먼저 목표하는 대상을 정합니다. 대상을 정한 다음에는 그것의 위치를 알아야 하겠지요. 성도를 펴고 그 대상이 어디에 있는지 찾아봅니다. 분명히 어느 별자리 한구석에 위치해 있을 것입니다. 고개를 들어 밤하늘에서 그 별자리가 어디에 있는지 가늠해봅니다. 이제부터 본격적으로 스타 호핑에 들어갑니다.

목표하는 대상의 주변에 있는 밝은 별을 하나 정합니다. 그 육안 기준별은 맨눈에도 쉽게 보이는 밝은 별이어야 합니다. 성도와 하늘을 번갈아 보면서 대상의 위치를 확인한 다음, 파인더로 육안 기준별을 맞춥니다. 파인더에 들어온 별이 맞는지 성도를 보고 확인합니다.

성도와 비교하면서 한 단계씩 파인더를 목적하는 대상 위치로 옮깁니다. 이때 파인더의 시야 중앙에 있는 별을 가장자리로 이동시키면 반대쪽에 또 다른 별이 들어옵니다. 이 별이 성도에서 어떤 별인지 확인한 다음, 다시 이 별을 가장자리로 보냅니다. 그러면 다시 반대편 가장자리로 또 다른 별이 들어올 것입니다. 이 작업을 반복하면서 점차 목적하는 대상 가까이 파인더를 옮겨갑니다. 몇 번 시야를 옮기다 보면 어느새 목적하는 대상이 파인더의 중앙에 들어오게 됩니다.

스타 호핑법에서 가장 중요한 것은 침착하게, 천천히 단계적으로 해야 한다는 점입니다. 스타 호핑법은 익숙해질수록 대상을 찾는 속도가 빨라집니다. 대부분의 베테랑들은 이 스타 호핑법을 가장 즐겨 사용합니다.

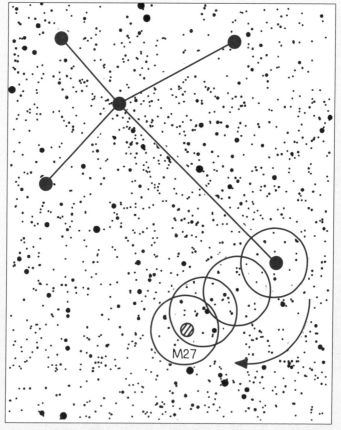

스타 호핑법. 여우자리의 M27을 백조자리 베타 별인 알비레오에서 찾아가는 방법을 보여줍니다. 둥근 원이 시야 6도인 파인더 시야입니다. 파인더는 별들을 하나하나 짚어나가며 목적한 위치를 찾아갑니다.

스타 호핑법은 파인더의 구경이 클수록 유리합니다. 또 파인더의 시야가 넓을수록 보다 빨리 대상을 찾아나갈 수 있습니다. 보다 고난도의 스타 호핑법은 파인더가 아니라 망원경의 주경 그 자체로 대상을 찾아나가는 방법입니다.

적경 적위 활용법

스타 호핑법은 돕소니안 방식의 망원경에서는 별을 찾아나가는 유일한 방법이라 할 수 있습니다. 그러나 적도의식 망원경이라면 또 다른 방법을 활용할 수 있습니다. 적도의식 망원경의 가장 큰 장점은 망원경이나 파인더의 시야 내에 보이는 별들의 방향을, 굳이 별을 흘리거나 성도와 비교하지 않고도 쉽게 알아낼 수 있다는 것입니다.

어떤 별에서 동쪽으로 4도, 남쪽으로 18도 아래에 목표하는 대상이 위치해 있는 경우를 생각해봅니다. 이 대상을 관측하려면 먼저 그 어떤 별을 파인더의 중앙에 넣습니다. 망원경의 파인더 시야가 6도라 생각하고 과정을 알아봅시다. 먼저 파인더를 남쪽으로 18도 움직입니다. 시야가 6도이므로 그 어떤 별을 시야 가장 중앙에 넣고 파인더의 시야를 조심스레 세 번 지나갈 만큼 남쪽으로 움직이면 별에서 18도 떨어진 위치가 중심에 위치할 것입니다.

이번에는 서쪽으로 4도를 움직여야 합니다. 대략 2/3 시야 정도가 되겠지요? 이만큼 움직여주면 목표하는 대상이 파인더에 들어옵니다. 망원경은 적경 적위 선을 따라 수직으로만 움직이므로 거리만 제대로 확인한다면 대상이 파인더를 절대 벗어나지 않습니다.

스타 호핑법과의 차이점을 살펴봅시다. 스타 호핑법은 성도를 찾아보며 별들을 확인하면서 중간 단계를 밟아 나가야만 합니다. 하지만 적경 적위 활용법은 중간 단계의 별을 굳이 확인할 필요가 없습니다. 그냥 적경과 적위를 따라 떨어져 있는 거리만큼 파인더를 옮기기만 하면 됩니다.

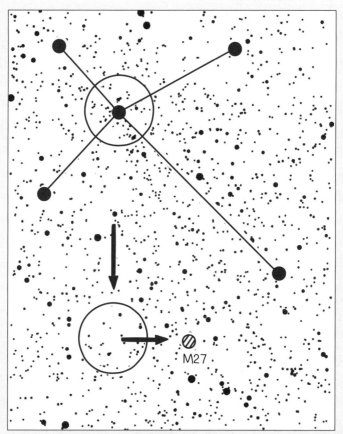

적경 적위 활용법. 백조자리 십자가 중앙에서 M27을 찾아갑니다. 천구상에서 수직으로 움직이므로 남쪽으로 18도, 서쪽으로 4도를 움직이면 목표지점에 다다릅니다.

적경 적위 눈금환 이용법

적도의식 천체망원경을 살펴보면 적경과 적위 부분에 눈금이 그려진 둥근 테가 달려 있는 것을 확인할 수 있습니다. 또는 요즘 유행하는 전자식 망원경을 살펴보면 천체망원경이 향하고 있는 부분의 하늘 위치가 수치로 표현되어 나타납니다. 적경 적위 눈금환이든 디지털 눈금표시 장치든 간에 망원경의 위치를 좌표값으로 표시하고 있습니다. 이 좌표는 천구의 적경 적위 좌표입니다.

이 좌표 눈금으로 목표하는 대상을 쉽게 찾을 수 있습니다. 먼저 적경 적위를 알고 있는 밝은 별에 망원경을 겨눕니다. 그다음 망원경의 적경 적위 눈금환 위치를 이 별의 좌표와 일치시킵니다.

요즘의 전자식 망원경에는 이미 별의 좌표가 입력되어 있어서 훨씬 간편합니다. 예를 들면 안타레스 별을 맞춘 다음 안타레스라고 입력하면, 망원경 내장 컴퓨터가 스스로 안타레스의 적경 적위 값으로 망원경을 세팅합니다.

망원경의 적경 석위 눈금환을 세팅했으면, 그다음에는 목표하는 대상의 좌표값을 찾습니다. 대상의 좌표값은 각종 목록이 나열된 서적을 참고하면 됩니다. 적경 적위 눈금환을 그대로 둔 상태에서 망원경의 경통을 움직여보면 그때마다 눈금환이 가리키는 좌표값이 달라짐을 알 수 있습니다. 그 눈금환 값이 목표하는 대상의 좌표값과 동일하도록 경통을 움직인 다음 파인더를 들여다보면 목표하는 대상이 보입니다.

최근의 전자식 망원경(Computer Aided Telescope)은 천체의 위치가 미

적경 적위 눈금환. 왼쪽이 적경 눈금환, 오른쪽이 적위 눈금환입니다.

전자식 망원경(CAT). 단추를 누르면
망원경이 자동으로 대상을 찾아갑니다.

리 기억되어 있어서 목표하는 대상의 이름을 입력하면 망원경이 저절로 그 대상을 찾아가도록 되어 있습니다. 이것이 가능한 이유는 그 대상의 좌표값이 망원경에 이미 입력되어 있기 때문입니다.

✨ 별이 나란히 붙어 있어요 ✨

천체관측을 위한 캠핑이 시작되었습니다. 캠핑은 사람을 흥분시키는 마력이 있습니다. 호성이와 은하도 마찬가지였습니다. 다소 먼 길을 걸어 배낭을 짊어지고 산을 올랐지만 힘든 줄을 몰랐습니다.

산을 오르는 동안 호성이는 자신이 소속된 팀과 같이 움직였습니다. 유성 관측팀에 소속된 호성이와 은하, 그리고 김준과 별자리 누나가 항상 같이 몰려다녔습니다. 호성은 가급적이면 은하와 같이 이야기도 나누며 가고 싶었지만 이상하게도 은하의 곁에는 항상 그 김준이 나란히 가고 있었습니다. 그 때문에 호성은 별자리 누나와 이야기를 나누며 산을 오를 수밖에 없었습니다.

김준은 천체관측반 내에서 반장을 맡고 있었기 때문에 여학생들 사이에서 인기가 높았습니다. 외모도 잘생긴데다가 천체관측에 대해서는 모르는 게 없을 정도였으니까요. 특히 1학년 여학생들 사이에서는 환상적인 존재로 자리매김하고 있었습니다.

목적지는 탁 트인 넓은 공간 한쪽 편 버드나무숲에 자리 잡은 잔디밭이었습니다. 그곳에 도착해 호성이네는 텐트를 쳤습니다. 밥을 먹고 나니 어느새 하늘이 어두워지고 있었습니다. 밤하늘에 별들이 하나둘 보이기 시작했습니다. 천체관측반 학생들은 하늘이 완전히 어두워지기 전까지 둥글게 원을 그리고 앉아서 노래를 불렀습니다.

천체관측이 시작되었습니다. 먼저 하늘에 떠 있는 별자리를 학습했습니다. 별자리를 관측한 후 해야 할 일은 망원경 관측입니다. 망원경을 잘 다루는 2학년 형들이 몇몇 성운·성단을 맞추어주었습니다.

"이것이 바로 고리성운으로 유명한 M57이란다."

호성이가 망원경을 들여다보자 옆에 있던 한 형이 이야기를 해 주었습니다. 이미 다양한 성운·성단 은하들을 본 경험이 있는 호성으로서는 별반 새로울 것이 없었지만, 처음 보는 1학년 학생들은 모든 것을 신기해했습니다. 그렇게 몇 개의 대상을 관측한 후 성운·성단 관측 시간이 끝이 났습니다. 다른 학생들이 대부분 텐트로 들어가고 호성이와 은하 등 몇 명만 남았을 때 김준이 물었습니다.

"은하야, 알비레오 본 적 있니?"

"네, 백조자리의 베타 별 말이지요? 백조 머리에 있는 별요. 그 별은 무척 아름다운 이중성이에요."

은하가 대답했습니다. 이중성이라는 말에 호성이의 귀가 솔깃해 졌습니다. 예전에 쌍안경으로 본 미자르가 생각났습니다. 하지만 호성이는 아직 이중성을 망원경으로 본 적이 없었습니다.

"역시 은하는 안 본 것이 없네. 정말 대단해."

김준이 칭찬을 했습니다.

"아녜요, 아버지 덕분이지요. 그럼 오랜만에 멋진 이중성을 한번 볼까?"

은하가 김준을 향해 웃음을 지어 보이고는 천체망원경에 손을 대었습니다. 천체망원경이 백조자리를 향했습니다. 은하는 능숙하게 파인더를 겨냥하더니 망원경 아이피스를 들여다보았습니다.

"언제 보아도 예뻐요."

은하가 탄성을 질렀습니다. 김준도 망원경을 보며 고개를 끄덕였습니다.

호성이도 궁금해졌습니다. 하지만 김준에게 잘해주는 은하가 괜히 얄미워서 나서지는 못하고 뒤에서 주빗거리며 서 있었습니다.

"호성아, 너도 한번 보렴."

호성이는 은하를 한번 흘겨보고는 망원경에 눈을 들이댔습니다.

시야에 별들이 무척 많았습니다. 은하수라 그런가 봅니다. 그런데 더 놀라운 것은 시야의 중앙에 위치한 노란 별이었습니다. 그 별 바로 옆에는 청색 별이 하나 붙어 있었습니다. 밝은 황금색 별과 다소 어두운 청남색 별이 대조를 이루는 그 모습은 너무나 예뻤습니다. 호성이는 별들의 색상이 그렇게 예쁘게 보일 수도 있다는 사실에 새삼 감탄을 했습니다.

"이 별은 색상의 대조가 아름다운 대표적인 이중성이야. 이중성이란 두 별이 나란히 붙어 있는 것을 말하는데, 하늘에는 참으로 많은 이중성들이 있어. 그중 일부는 이 알비레오처럼 색깔이 매우 아름답지. 그 때문에 성운·성단 못지않게 많은 사람들의 사랑을 받는 대상이야."

은하가 설명을 해주었습니다. 다른 때 같으면 탄성을 연발했을 호성이는 별다른 표정의 변화 없이 망원경 관측을 끝내고 뒤로 물러났습니다. 은하는 평소와 다른 호성이의 행동에 고개를 한번 갸웃거렸지만, 개의치 않고 김준을 향해 밝은 표정으로 이야기했습니다.

"다른 이중성도 한번 보실래요?"

김준이 고개를 끄덕였습니다. 그의 얼굴엔 장한 후배에 대한 흐뭇한 웃음이 담겨 있었습니다. 호성이는 말없이 뒤로 물러났습니다. 더

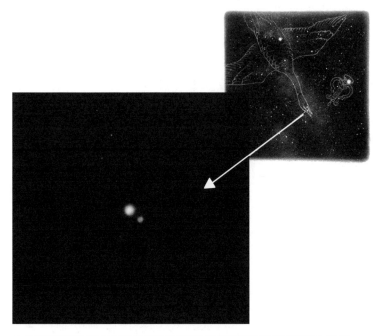

➡ 백조자리의 알비레오. 백조의 머리에 위치한 이 별은 망원경으로 보면 매우 예쁜 이중성입니다.

관측해보고 싶은 마음이 없는 것은 아니었지만 김준과 은하가 같이 있는 자리에 끼어 있으려니 마음이 편치 않았습니다. 돌아서는 호성이의 귀에 은하의 목소리가 들려왔습니다.

"전갈자리 머리 보이지요? 그 머리 집게의 한쪽에 있는 베타별 또한 매우 아름다운 이중성이랍니다. 하얀색의 작은 별이 매우 예뻐요."

아름다운 이중성 관측

이중성이란 매우 가까이 붙어 있는 두 별을 가리킵니다. 여러 개의 별이 함께 붙어 있으면 다중성이라고 합니다. 이중성에는 두 가지의 형태가 있습니다. 하나는 실제로 두 별 간의 거리가 매우 멀리 떨어져 있음에도 불구하

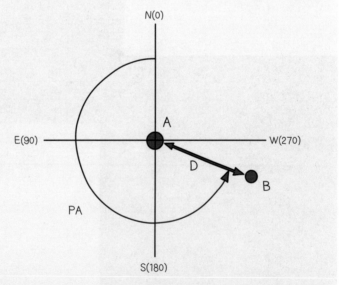

이중성의 각거리와 방향각. A별을 주성, B별을 동반성이라고 할 때, 두 별이 떨어진 거리 D를 각거리라 하고, PA에 해당하는 각을 방향각이라고 합니다.

고 단지 우리의 시선방향과 묘하게 일치해 두 별이 근접해 있는 것처럼 보이는 것과, 다른 하나는 실제로 두 별이 중력적으로 영향을 미치며 서로 돌고 있는 경우를 말합니다. 일반적으로 이중성이라 하면 후자를 가리킵니다.

두 별이 이중성일 때 밝은 별을 주성이라 하고, 어두운 별을 동반성이라 합니다.

이중성을 이루고 있는 두 별이 서로 색깔이 달라 대조가 되어 보이게 되면 매우 아름다운 모습이 됩니다.

여름밤, 사랑의 별자리 백조자리가 떠오르면 이곳에는 매우 아름다운 이중성이 하나 있습니다. 바로 백조의 머리 부분에 있는 밝은 3등급의 별 알비레오가 그것입니다. 이 별은 맨눈에서 단지 평범한 별로 보이지만, 소형 망원경에서는 노란색과 푸른색의 별이 어우러진 아름다운 이중성이 됩니다.

밤하늘에는 이처럼 아름다운 이중성들이 매우 많습니다. 그 대표적인 것들이 바로 알비레오 이외에 안드로메다자리 감마별, 전갈자리 베타별, 돌고래자리 감마별, 외뿔소자리 베타별 등이 있습니다.

근접한 이중성 관측

이중성의 아름다운 모습은 관측자들을 감동시킵니다. 그러나 이중성은 또 다른 쓰임새를 가지고 있습니다. 바로 망원경의 성능 테스트용입니다.

이중성을 이루는 두 별이 매우 붙어 있다면 천체망원경으로도 두 개의 별로 나누어 본다는 것이 쉽지 않을 것입니다. 당연히 천체망원경이 크면 클수록 더 가까이 붙어 있는 별들을 두 개의 별로 구분해낼 수 있을 것입니다. 천체망원경의 이 능력을 분해능이라고 한다는 사실을 앞에서 이미 설명했습니다.

이중성을 두 별로 분해하기 어려워지는 이유는 두 가지가 있습니다. 하나는 두 별이 지나치게 가까이 붙어 있어서입니다. 다른 하나는 두 별의 밝기 차이가 매우 커서 어두운 별이 밝은 별에 가려져 잘 보이지 않기 때문입니다. 천체망원경의 이론적 분해능 값 테스트를 위해서는 두 별의 밝기가 거의 동일하면서 근접해 있는 이중성을 많이 사용합니다. 근접한 이중성을 관측할 때는 그 망원경의 최고 배율로 관측하는 것이 좋습니다.

여러분들이 60mm 굴절망원경을 가지고 있다면 다음의 세 별로 테스트를 할 수 있습니다. 먼저 거문고자리에 있는 엡실론 별을 겨누어봅니다. 엡실론 별은 더블더블이라고도 알려져 있는 유명한 이중성입니다. 맨눈에서 하나로 보이는 밝은 별이 쌍안경으로 보면 두 개로 나누어지고 이 두 별이 망원경에서 다시 각각 두 개의 별로 나누어집니다. 즉, 네 개의 별이 보이는 것입니다.

그다음 볼만한 별은 쌍둥이자리의 알파별인 카스토르입니다. 이 별은 매우 밝은 두 별이 가까이 붙어 있어 소형 망원경에서 멋진 모습을 보여줍니다. 또 여러분의 망원경이 오리온자리의 베타별인 리겔을 분해할 수 있는지 테스트해볼 수 있습니다. 리겔은 두 별이 망원경 분해능 수치에 비해 많이 떨어져 있지만, 두 별의 밝기 차가 커서 두 별로 분해하기 어려운 대상입니다. 이 별은 0.2등급과 6.7등급의 두 별이 9.2초각 떨어져 있습니다.

100mm 망원경이라면 백조자리 델타별이 훌륭한 테스트 대상입니다. 이 별은 2.9등급과 6.3등급의 별이 2.4초각 떨어져 있습니다. 리겔과 마찬가지로 두 별의 밝기가 많이 달라서 보기 어려운 별입니다. 이 밖에 용자리 뮤별이나 물병자리 파이별, 뱀주인자리 에타별도 매우 훌륭한 테스트 대상 이중성들입니다. 이 이중성들은 두 별의 밝기가 거의 동일하면서 매우 근접한 이중성들입니다.

처음에는 의외로 이중성 분해가 힘든 경우가 많습니다. 그것은 관측자가 아직 익숙하지 않아서이기도 하고, 한편으로는 시상이 좋지 않아서이기도 합니다. 망원경의 성능을 완벽히 발휘할 수 있을 만큼 대기가 안정되어 있는 날은 그리 많지 않습니다.

밤새도록 별을 본 학생들의 하루는 다소 늦게 시작됩니다. 아침밥을 먹고 나니 이미 태양이 높이 솟아올라 무더위가 몰려왔습니다. 한여름의 태양빛은 무척 뜨겁습니다. 그래서 태양 관측시간은 무더위가 시작되기 직전인 10시경에 시작되었습니다. 아침을 먹자마자 바로 관측이 시작되어 어떤 학생들은 불만을 터뜨리기도 했지만, 한낮에 태양을 관측하려면 더 어려워지는지라 대부분의 학생들은 환영하는 분위기였습니다.

태양 관측은 학예 발표회 때 태양 관측에 대한 연구를 발표할 태양 관측팀의 주도로 행해졌습니다. 태양 관측팀에 소속된 한 2학년 학생은 2학년 중에서도 김준과 함께 가장 실력파로 통하는 형이었습니다. 학생들이 망원경 주변에 우르르 모여 둘러섰습니다.

지금부터 태양 투영법을 실시합니다. 태양 투영법에 흔히 사용하는 아이피스는 고급 아이피스를 쓰지 않고 이 아이피스처럼 저가의 아이피스를 사용합니다. 왜냐하면 아이피스가 열을 받으면 렌즈가

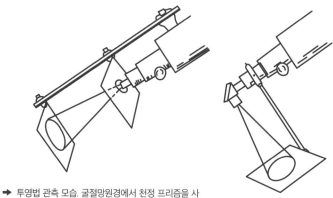

➡ 투영법 관측 모습. 굴절망원경에서 천정 프리즘을 사용할 때와 사용하지 않을 때의 모습입니다.

여러 매 붙어 있는 아이피스의 경우 망가지기 쉽기 때문입니다."

자세한 설명에 한 학생이 질문을 했습니다.

"그럼 그 아이피스는 무엇인가요?"

"이건 람스덴식 아이피스입니다."

1학년들 사이에서 웅성임이 일었습니다. 람스덴은 단렌즈 두 개로 이루어진 아이피스의 한 형식입니다. 망원경 파인더에 마개를 씌우고 망원경 경통 앞에도 작은 구멍이 뚫린 마개를 씌운 다음 태양을 겨누었습니다.

"마개를 씌우면 태양이 어떻게 보여요?"

다른 한 학생이 물었습니다.

"태양은 너무나 밝아 빛을 조금만 받아들이는 것이 안전합니다. 그래서 앞에 구멍이 뚫린 마개를 막아요."

망원경으로 태양을 겨누는 작업은 좀 특이했습니다. 다른 별을 겨눌 때처럼 파인더로 들여다보는 것이 아니라 경통을 태양 쪽으로 향하게 한 다음 그림자의 크기를 가지고 태양을 맞추는 식이었습니다. 경통이 태양을 정확히 향하면 그림자가 가장 작아져서 거의 사라집니다. 망원경의 아이피스에 흰 스크린을 대자 밝은 원이 하나 나타났습니다. 태양의 모습이 투영된 것입니다.

태양 투영법

태양은 하늘에서 가장 밝은 대상입니다. 그러므로 다른 대상들과 관측 방법이 많이 다릅니다. 밤하늘의 별들은 어둡기 때문에 가급적이면 더 많은 빛을 받아들여 밝게 보아야 합니다. 반면 태양은 너무나 밝기 때문에 반대로 어떻게 하면 빛을 적게 받아들여 어둡게 관측할 것인가 하는 점을 고민해야 합니다.

맨눈으로 태양을 쳐다보면 눈물이 날 정도로 눈이 부셔 도저히 바라볼 수 없습니다. 그냥 보아도 눈이 아플 정도로 밝은데 망원경을 통해 보면 어떻게 될까요? 태양을 망원경으로 들여다보는 순간 강한 빛에 의해 실명을 하게 됩니다. 즉, 태양을 직접 겨누어 들여다보는 것은 매우 위험합니다.

이 글을 읽는 여러분들도 절대 아무런 준비 없이 태양을 보아서는 안 됩니다. 그렇다면 태양을 어떻게 관측할 수 있을까요? 가장 간단한 방법은 태양을 투영시켜 보는 방법입니다.

먼저 경통의 앞부분을 지름 5cm 이하의 원보다 작도록 일부분을 가립니다. 많은 망원경들이 경통의 뚜껑에 태양 관측을 위한 작은 구멍이 뚫려 있습니다. 망원경에 저배율 아이피스를 끼운 다음 태양을 겨눕니다. 이때 주의할 것은 절대 눈으로 들여다보며 겨누어서는 안 된다는 점입니다. 무심코 파인더를 들여다보거나 하는 것은 매우 위험하므로 반드시 파인더의 앞부

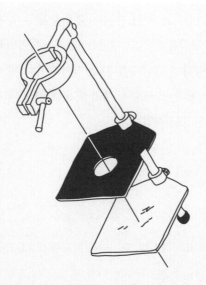

태양 투영판

분도 마개로 미리 막아두는 것이 좋습니다. 항상 안전사고에 미리 대비해야 합니다.

태양을 어떻게 겨눌 수 있을까요? 바로 망원경의 그림자를 이용하면 됩니다. 망원경 경통의 그림자가 가장 작아질 때가 바로 태양을 정확히 겨누는 순간입니다. 태양을 겨눈 후에는 절대로 아이피스에 눈을 대지 말아야 합니다. 그 대신에 흰 종이를 아이피스 앞에 위치시켜 봅니다. 이때 흰 종이에 태양이 투영되어 밝은 원이 보입니다. 밝은 원의 일부분이 밖으로 잘려나가 보인다면 망원경이 정확히 겨누어지지 아니한 것이므로 망원경의 위치를 미동으로 조정하면 밝은 원이 정확히 중심에 오도록 할 수 있습니다. 흰 종이를 아이피스에서 멀리하면 태양은 더욱 확대되어 커져 보입니다. 이때 초점은 망원경 접안부의 래크피니언으로 맞추어야 합니다. 밝은 원의 내부를 잘 살펴보면 검은 점들이 보입니다. 바로 태양의 흑점들입니다.

이렇게 관측하는 방법이 바로 투영법입니다. 투영법을 위한 태양 투영판과 보조도구가 이미 고안되어 있으므로 별도로 구입할 수 있습니다. 투영법이 가능한 이유는 태양이 무척 밝기 때문입니다.

투영법의 경우 경통의 일부에서만 빛을 받아들이지만 이것만으로도 매우 위험합니다. 집중된 태양열로 인해 아이피스가 깨어지기 때문입니다. 그러므로 1분 이상 연속적으로 태양을 관측하는 것은 좋지 않습니다. 1분 관측 후 5분가량 망원경을 식히고 관측을 반복하는 것이 좋습니다.

태양 필터

태양 투영법으로 태양을 관측하다 보면 어딘지 모르게 미흡함을 느낍니다. 다른 대상들처럼 직접 눈으로 들여다보고 보다 세세히 보고 싶은 마음이 생깁니다. 투영법과는 반대로 태양을 직접 들여다보는 방법을 직시법이라고 합니다.

직시법으로 태양을 관측하기 위해서는 태양빛을 적절히 감소시킬 방법을 찾아야 합니다. 그 역할을 해주는 것이 바로 태양 필터입니다. 태양 필터에는 두 가지가 있습니다.

주변에서 흔히 볼 수 있는 것이 아이피스에 끼우는 방식의 진한 색유리 필터입니다. 작은 소형 망원경의 경우 액세서리로 많이 끼워져 있지만 이 방식은 매우 위험합니다. 투영법처럼 망원경 구경의 일부를 가리고 태양을 관측해도 아이피스 부분에 태양열이 집중되는 것을 절대 피할 수 없습니다. 태양을 1분 이상 보게 되면 아이피스의 렌즈나 태양 필터의 깨어짐이 발생합니다. 태양 필터가 깨어지면 바로 눈으로 태양의 직사광선이 쏟아져 들어옵니다. 즉, 매우 위험하며 실명의 원인이 됩니다. 그러므로 아이피스에 끼우는 방식의 태양 필터는 사용하지 않는 것이 안전을 위해 좋습니다.

가장 좋은 방법은 경통의 앞부분을 가리는 대형 태양 필터를 이용하는 방법입니다. 이 필터는 다소 비싸지만 경통의 앞부분에 위치하므로 태양열이 집중되지 않아 무엇보다 안전하다는 것이 장점입니다. 또 망원경의 구경을 모두 이용할 수 있으므로 망원경 본래의 높은 분해능을 만끽할 수 있습니다. 이 태양 필터는 태양빛을 1/10만 정도로 감소시키는 역할을 합니다.

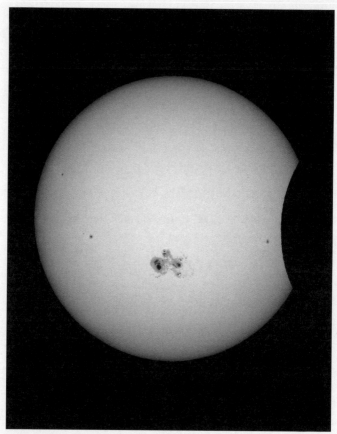

태양흑점. 대단히 큰 흑점은 해 질 무렵 망원경 없이 보이기도 합니다.

대개의 경우 D5 필터라 불립니다. 사진용으로는 보다 밝은 D4 필터도 있습니다. D4 필터는 태양빛을 1/1만 정도로 감소시킵니다.

　흑점의 모습은 날마다 다소 달라집니다. 또 새로이 생기기도 하고 소멸되기도 합니다. 흑점의 위치를 매일매일 기록해보면 태양의 자전 주기를 알아낼 수 있습니다. 또 태양의 흑점은 일정한 주기를 가지고 많아졌다 적어졌다 합니다. 그 주기는 대략 11년입니다. 흑점의 극소기 때에는 흑점이 전혀 보이지 아니하는 경우도 흔합니다. 2000년 무렵이 흑점이 가장 많은 극

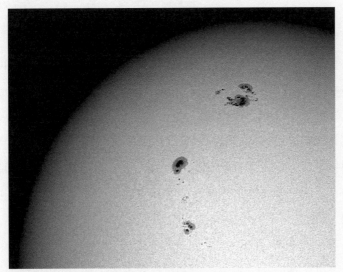

태양흑점 세부. 하나의 흑점군에는 수많은 흑점과 반암부가 복잡하게 얽혀 있습니다.

대기에 해당합니다. 2005년 무렵이 되면 다시 극소기에 접어듭니다.

태양 표면의 가장자리를 직시법으로 잘 살펴보면 흰 반점 같은 것들이 곳곳에 널려 있는 것을 볼 수 있습니다. 이 무늬는 큰 흑점이 태양 가장자리에 위치해 있을 때 보다 명확히 드러납니다. 이 무늬를 백반이라고 합니다.

투영된 태양의 밝은 원에는 서너 군데에 검은 점들이 보였습니다. 그 점들 중 어떤 것은 몇 개가 한꺼번에 모여 있었습니다. 또 가장 큰 검은 점 하나 주변에는 흐릿한 부분이 둘러싸고 있었습니다.

"흑점이 보이지요? 잘 보면 흑점에도 세부적인 모습이 있어서 중앙의 암부와 주변의 반암부가 보입니다."

관측 도중 망원경에 열이 지나치게 집중되는 것을 막기 위해 망원경을 다른 방향으로 향하게 하여 식히면서 관측을 했습니다.

"흑점을 직접 볼 수 있는 방법은 없나요?"

한 학생이 질문을 했습니다.

"물론 있습니다."

2학년 형이 대답했습니다. 이마에 맺힌 땀이 태양빛에 반사되어 반짝거렸습니다.

"태양을 직접 눈으로 보는 것은 위험합니다. 하지만 태양빛을 대폭 감광시키는 태양 필터를 장착하면 가능해지지요. 안전한 태양 필터는 망원경의 경통 앞쪽에 끼우게 되어 있는데, 안타깝게도 우리는 가지고 있지 않습니다. 선생님 말씀이 방학이 끝나면 구입해 주신다니, 아마 그 이후 태양을 직접 볼 수 있을 겁니다."

"학예 발표회 때에는 어떤 것을 발표할 예정이에요?"

은하가 묻자, 관측이 끝난 망원경을 한쪽으로 치우면서 태양 관측 팀장이 대답했습니다.

"태양 투영법으로 흑점을 약 한 달 동안 관측해 흑점의 변화 및 태양의 자전주기를 구해볼 생각이야."

✨ 꼬리 달린 별이 떠 있습니다 ✨

하늘이 어두워지며 별들이 하나둘 나타납니다. 곧 별들의 세상이 시작될 것입니다. 캠프장의 학생들은 다소 흥분된 저녁 시간을 맞이하고 있었습니다. 그 학생들의 중심에는 김준과 태양 관측 팀장, 그리고 은하가 있었습니다.

이들은 학교 천체관측반에서 최고의 실력을 가진 학생들입니다. 2학년인 관측 반장과 태양 관측 팀장은 이미 관측반에서 최고의 실력을 가지고 있음을 누구도 부인할 수 없습니다. 은하가 끼어 있는 것은 대부분의 학생들에게 깜짝 놀랄 사건이었습니다. 그러나 이미 아는 사람은 알고 있습니다. 은하야말로 그 누구보다도 베테랑이란 사실을 말입니다.

오늘 저녁은 새로운 도전을 맞이하는 날이었습니다. 현재 저녁 하늘에는 지평선 근처에 어두운 혜성 하나가 떠 있습니다. 그 혜성은 엥케 혜성으로 3.3년의 주기를 가지고 있습니다. 현재 등급은 6등급, 그러나 박명 시각에 지평선에서 불과 10도 남짓 떠올라 있습니다.

6등급이라면 우리의 눈이 볼 수 있는 한계 등급입니다. 하지만 망원경을 사용하면 매우 쉽게 볼 수 있을 만큼 밝습니다. 문제는 혜성의 고도가 낮다는 것입니다. 혜성처럼 퍼진 천체가 지평선상에 있을 경우에는 더욱 보기 힘들어집니다. 그래서 오늘 저녁 엥케 혜성의 관측을 최고의 실력자들이 모여 도전을 하게 되었습니다.

호성이는 그 세 사람을 보며 부러움을 감출 수가 없었습니다. 하지만 언젠가 자기 자신도 저 자리에 설 날이 있을 것이라 생각하며 옆에서 지켜보았습니다.

"현재 혜성의 위치는?"

김준이 망원경을 서쪽으로 겨누며 물었습니다.

은하가 공책을 뒤적거리더니 대답했습니다.

"오늘 저녁 혜성의 위치는 적경 13시 02분 30초, 적위 4도 10분이에요."

은하의 대답에 태양 관측 팀장이 성도를 꺼내어 위치 표시를 했습니다. 혜성 같은 천체는 항상 그 위치를 바꾸기 때문에 성도에는 그려져 있지 않으므로 데이터를 가지고 현재의 위치를 확인해야 합니다.

"다행히 밝은 별 옆에 있어 그래도 찾기가 쉽겠군. 성도에 보니 처녀자리 델타별에서 북동쪽으로 약 2도가량 떨어져 있어."

그 말을 듣고 김준이 놀라 소리쳤습니다.

"뭐? 처녀자리? 거기는 은하들이 많은 장소잖아?"

혜성처럼 뿌연 천체는 은하들이 많은 곳에서는 다른 은하와 혼동을 일으킬 염려가 있습니다.

"걱정하지 마. 혜성 주변엔 밝은 은하가 없어. 전부 매우 어두운 것들이라 우리랑 관계없어. 처녀자리 Y자를 이루는 한쪽 끝 별이 바로 델타별이야."

성도를 보며 태양 관측 팀장이 웃으며 이야기했습니다.

호성이는 서쪽 하늘을 보았습니다. 아직 완전히 어두워지지 않아 어슴푸레한 기운이 남아 있는 서쪽 하늘은 별들이 띄엄띄엄 보였습니다. 하지만 어디가 처녀자리인지 제대로 알기가 어려웠습니다. 하늘 높이 떠 있을 때와는 너무 다릅니다.

"안타깝게도 스피카가 안 보여서 처녀자리 확인이 쉽지 않군. 저기 아르크투루스에서 다시 잘 찾아가 보자."

먼저 쌍안경을 사용해 별자리 확인 작업을 벌였습니다. 한참만에 김준이 고개를 끄덕였습니다.

"저기 흐릿하게 별이 보인다!"

다른 학생들의 눈에는 당연히 보이지 않습니다. 김준은 쌍안경을 사용해 지평선상에 떠 있는 별을 가까스로 찾은 것입니다. 곧 망원경이 그 별을 향했습니다. 그러나 생각보다 쉽지 않은 모양입니다. 호성이는 반장이 그렇게 별을 겨누는 데 헤매는 것을 처음 보았습니다. 얼마의 시간이 흐르자 반장이 회심의 미소를 지으며 말했습니다.

"휴… 망원경에 별이 들어왔어. 이제 부근의 별을 잡았으니 혜성을 찾으러 가자."

김준이 성도를 확인하고 다시 망원경으로 갔습니다. 한참 헤매는가 싶더니 고개를 설레설레 흔들었습니다.

"주변에 보이는 별이 너무 없어. 망원경에서 혜성 위치를 찾기가 쉽지 않아."

혜성이란?

어느 날 갑자기 밤하늘에 꼬리를 드러내고 나부끼는 혜성은 오랜 옛날부터 신비의 대상으로 여겨져 왔습니다.

이러한 혜성은 어디에서 나타나는 것일까요? 많은 천문학자들은 혜성이 태양계 저편에서 태양계를 둘러싸고 있는 오르트 구름에서 발생한다고 이야기합니다. 이 오르트 구름에는 혜성의 근원이 되는 수많은 얼음덩어리들이 있어서 그중 일부가 떨어져 나가 태양에 접근하면 혜성이 된다고 합니다.

혜성은 주기 200년 이상의 장주기 혜성과 그 이하의 단주기 혜성으로 구분됩니다. 많은 혜성들이 태양의 주위를 돌면서 주기적으로 접근하고 있지만 어떤 혜성은 일생 동안 오직 한 번만 태양에 접근하기도 합니다.

혜성의 핵은 무엇으로 이루어져 있을까요? 혜성 핵은 더러운 눈 덩어리와 매우 비슷합니다. 핵의 성분 중 약 80%는 물(H_2O)로 이루어져 있으며, 나머지 20%가 이산화탄소, 일산화탄소와 암모니아 등으로 이루어져 있습니다.

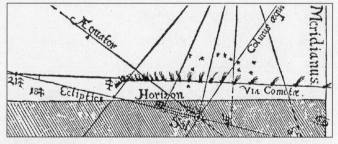

과거에 나타난 혜성을 그린 그림. 1607년 케플러가 핼리 혜성을 관측한 후 그린 그림입니다.

보통의 경우 핵의 크기는 수 km에서 수십 km로서 유명한 핼리 혜성의 경우 긴 지름이 대략 15km 정도입니다.

혜성의 핵에 있는 불순물들은 태양빛을 흡수하기 때문에 혜성이 태양에 근접하면 표면에서부터 차츰 온도가 높아지게 됩니다. 얼음 표면의 분자는 이때 발생한 열에 의해 우주 공간으로 방출되고 이온화되어 혜성의 대기라 할 수 있는 코마가 형성됩니다.

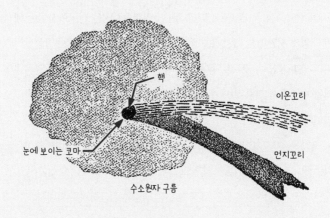

혜성의 구조

혜성에서 뿜어진 이온들과 먼지들은 태양풍에 의해 태양의 반대 방향으로 밀려납니다. 이것이 바로 혜성의 꼬리입니다. 혜성의 꼬리는 태양에 가까이 다가갈수록 점차 길어집니다. 어떤 혜성은 그 꼬리의 길이가 태양과 지구 사이의 거리보다 더 긴 것들도 있습니다.

소형 망원경이나 쌍안경을 사용해 확인할 수 있는 혜성은 대략 8등급보다 밝은 혜성입니다. 이런 혜성을 보려면 어떻게 해야 할까요?

무엇보다 혜성의 위치를 알아야 합니다. 혜성의 위치는 일반 책이나 성도에서 찾을 수 없습니다. 천문 잡지나 역서 등에서 그 위치를 확인하거나 통신망 등에서 가장 최신 정보를 구해야 합니다. 또 관측 조건 등에 대해서도 많은 정보를 구합니다.

혜성이 위치한 별자리를 대략 확인한 후 오늘 밤 몇 시에 어느 방향으로 쳐다보면 혜성을 가장 잘 볼 수 있을지 생각해봅니다. 대개의 경우 혜성은 지평선 가까이 있기 때문에 해가 진 직후나 해 뜨기 직전이 가장 좋은 시간대가 됩니다.

하늘을 쳐다보았을 때 누구나 쉽게 "저것이 혜성이다!"라고 알 수 있는 경우도 있지만, 이것이 혜성인지 도무지 알기 어려운 경우도 많습니다. 이때에는 혜성의 위치가 그려진 성도를 옆에 두고 주변 별들의 위치와 비교하며 혜성임을 확인합니다.

매우 밝은 혜성이 아니면 꼬리를 직접 눈으로 확인하기 어렵습니다. 대개의 경우 코마에 둘러싸인 흐릿한 모습의 혜성만을 볼 수 있습니다. 그렇지만 혜성은 다음에 또다시 볼 수 없다는 한 가지 이유만으로도 관측을 시도해볼 충분한 가치를 지니고 있습니다.

김준이 가쁜 숨을 헐떡이며 망원경을 태양 관측 팀장에게 건네었습니다. 다시 망원경이 겨누어졌습니다.

"이쯤에 보여야 하는데…."

망원경의 위치는 하늘을 제대로 향하고 있는데도 혜성이 보이지 않는지 태양 관측 팀장은 고개를 갸웃거렸습니다. 몇 번을 시도해보더니 망원경에서 물러서며 은하를 불렀습니다.

"은하야, 네가 한번 해봐. 지금 시야에 들어와 있는 별이 델타별이니까 혜성을 한번 잡아봐."

은하는 망원경 앞에서 심호흡을 했습니다. 망원경 시야에는 별이 하나 보이고 있었습니다. 그 별에서 약 2도 떨어진 곳에 혜성이 있을 것입니다.

"별이 거의 없으니 스타 호핑법으로 찾는 건 무리야. 그러면 망원경의 적경 적위를 활용해서…"

한참을 고민하던 은하는 천천히 망원경을 미세 이동시켰습니다. 얼마나 망원경을 들여다보았을까요? 마침내 은하가 웃음을 지으며 뒤로 물러섰습니다.

"혜성이 있어요. 그런데 생각보다 너무나 흐리고 어두워요. 또 위치도 처음 예상한 위치에서 조금 더 떨어져 있어요."

은하의 말에 학생들이 환호성을 질렀습니다.

망원경을 들여다본 김준의 입가에 웃음이 감돌았습니다.

"대단한 은하야. 우리 관측반의 미래는 이래서 밝을 수밖에 없어!"

김준이 은하의 손을 꽉 쥐었습니다. 은하의 안색이 약간 붉어졌습니다. 차례가 되자 호성이는 망원경을 들여다보았습니다. 혜성의 모습은 너무나 흐릿했습니다. 그야말로 보일 듯 말 듯 했습니다. 이런 것을 찾아내다니! 은하는 참으로 대단한 아이입니다.

어두운 작은 혜성. 중앙의 뿌연 것이 혜성입니다. 주변의 별들이 흐른 이유는 혜성의 움직임 때문입니다.

유명한 혜성들

혜성의 역사는 참으로 흥미로운 점이 많습니다. 처음으로 혜성의 정체를 밝힌 것은 17세기의 과학자로 만유인력의 법칙으로 유명한 뉴턴입니다. 뉴턴은 혜성이 태양 주위를 포물선 궤도를 그리면서 운동하고 있음을 처음으로 증명해 혜성도 지구밖에 있는 천체임을 알렸습니다.

뉴턴에게서 혜성 궤도의 계산 방법을 배우게 된 핼리는 당시까지 알려져 있던 여러 혜성의 관측 기록을 바탕으로 각 혜성들의 궤도를 계산했습니다. 핼리는 그중 1531년, 1607년, 1682년에 나타난 세 혜성의 궤도 요소가 비슷하다는 사실을 알아내었고, 이 혜성들이 대략 76년을 주기로 나타났다는 사실에도 흥미를 느끼게 되었습니다.

결국 핼리는 이들 세 혜성이 동일한 혜성이란 결론을 내리고 이 혜성이 태양 주위를 긴 타원을 그리면서 돌고 있기 때문에 주기적으로 지구에 나타난다고 생각했습니다. 이것이 바로 그 유명한 핼리 혜성입니다. 핼리 혜성

핼리 혜성. 1986년 회귀 시의 모습입니다.

1997년의 대혜성. 헤일밥 혜성의 1997년 봄의 모습입니다.

은 1910년, 1986년에 지구를 방문했습니다. 다음에 핼리 혜성이 나타날 시기는 2062년입니다.

역사 기록들을 살펴보면 과거에 나타난 대혜성들이 매우 많이 있음을 알 수 있습니다. 오래전 나타났던 대혜성들은 역사에 영향을 미쳤고, 혜성의 정체가 밝혀진 18세기 이후 나타난 대혜성들은 사람들에게 멋진 모습을 선사했습니다. 최근에 나타났던 대혜성을 차례로 들면 1965년 이케야 세키 혜성, 1970년 베네트 혜성, 1976년 웨스트 혜성, 1996년 햐쿠다케 혜성, 1997년 헤일밥 혜성을 들 수 있습니다.

헤일밥 혜성의 경우 1997년 3월, 서쪽 하늘에서 약 20도에 달하는 장대한 꼬리를 나부끼며 장관을 이루었습니다. 이때 혜성의 밝기는 무려 −1등급에 달했습니다. 이처럼 밝은 대혜성은 10년에 한 번꼴로 나타난다고 합니다.

✦ 오늘 밤에는 유성이 많이 떨어집니다 ✦

여름밤 하늘에는 유성이 많이 떨어집니다. 모래사장이나 잔디밭에 누워 하늘을 보고 있으면 밝은 유성이 하늘을 가로지릅니다. 유성이 떨어질 때마다 학생들은 환호성을 질렀습니다. 또 유성을 향해 소원을 빈다고 왁자지껄합니다.

호성이도 이미 오늘 밤에 유성을 십여 개나 보았습니다. 아마 오늘이 태어나서 가장 유성을 많이 보는 날이 아닐까요. 유성이 참으로 많이 떨어지는 밤입니다. 유성이 떨어질 때마다 호성이는 소원을 빌었습니다. 그 소원은 무엇이었을까요. 그 소원에 은하라는 말이 포함되어 있었음은 분명합니다.

밤이 깊어질 무렵 여러 학생들과 모여 하늘을 올려다보고 있을 때 김준이 호성이를 불렀습니다.

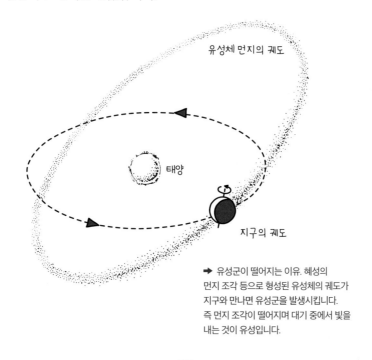

➡ 유성군이 떨어지는 이유. 혜성의 먼지 조각 등으로 형성된 유성체의 궤도가 지구와 만나면 유성군을 발생시킵니다. 즉 먼지 조각이 떨어지며 대기 중에서 빛을 내는 것이 유성입니다.

　"자! 이제 우리는 본격적으로 유성을 관측해야 해. 그래야 학예회 때 발표를 하지. 따라오렴."

　호성이는 김준을 따라갔습니다. 그들이 도착한 곳은 캠프장에서 약간 떨어져 있는 곳으로, 주변이 비교적 트여 있는 잔디밭이었습니다. 이미 그곳에는 별자리 누나와 은하가 돗자리를 깔고 앉아 있었습니다. 유성 관측팀이 모두 모인 것입니다.

　"유성 관측의 좋은 점은 장비가 필요 없다는 거란다. 이렇게 돗자리에 누워 하늘을 바라보면 되는 거야. 밤하늘의 별들을 만끽하며 말이지. 호성아, 정말 좋지 않니?"

　별자리 누나가 호성이를 반갑게 맞아주었습니다.

　"네."

　"자 이제 우리는 두 개의 조로 나누어 관측을 한다. 나랑 은하가 한 조이고, 호성이랑 별자리가 한 조야. 지금부터 4시간 동안 관측을 해야 해. 그야말로 밤을 꼬박 새는 거야."

김준이 호성이에게 일러주었습니다. 돗자리를 이쪽과 저쪽으로 나누어 두 사람씩 나란히 누웠습니다. 호성이의 옆에는 별자리 누나가 누워 있습니다.

누워서 밤하늘을 쳐다보는 것은 색다른 맛이 있습니다. 그야말로 편안하게 밤하늘의 세계로 빠져드는 기분입니다.

"호성아, 페르세우스자리를 알고 있니?"

별자리 누나가 물었습니다.

호성이는 하늘을 올려다보며 고개를 끄덕였습니다.

"네. 저쪽에 보이는 것이 페르세우스자리지요?"

"그래, 맞아. 오늘은 유성이 많이 떨어지는 날인데, 그 대부분이 페르세우스자리를 중심으로 해서 떨어지지. 그래서 페르세우스 유성군이라 한단다."

별자리 누나가 자세히 설명을 해주었습니다.

"그럼 페르세우스자리에서만 유성이 보이는 건가요?"

호성이가 물어보자 별자리 누나가 키득 웃음을 터뜨렸습니다.

"하하, 아냐. 많은 사람들이 그렇게 생각하지만 그렇지 않지. 유성의 복사점이 페르세우스자리에 있다는 것일 뿐이야. 절대 페르세우스자리에서 더 많이 보인다거나… 그런 것이 아니란다."

갑자기 하늘을 가로지르며 유성이 하나 떨어졌습니다.

"지금은 유성이 백조자리에서 떨어졌지? 하지만 저 유성도 페르세우스군 소속이야."

"어떻게 알아요?"

"유성을 반대편으로 쭉 연장시켜봐. 페르세우스자리에 닿지? 오늘 떨어지는 유성들을 뒤쪽으로 연장시키면 대부분이 페르세우스자리

➡ 유성. 별들 사이를 가로지른 밝은 선이 유성입니다

에 닿게 되지. 즉, 유성의 선을 연장시켜 모인 점이 바로 복사점이고, 그 복사점이 페르세우스자리에 있다는 것이야."

　　호성은 그제서야 페르세우스 유성군이 페르세우스자리에서가 아니라 하늘 전체에서 떨어질 수 있다는 사실을 깨달았습니다.

주요 유성군

　　칠흑 같은 밤하늘에 갑자기 빛을 발하며 밝은 선을 쭉 그리는 별똥별을 가끔 볼 수 있습니다. 이 별똥별을 바로 유성이라고 합니다. 유성은 혜성 등이 우주 공간에 뿌려놓은 먼지들이 지구로 떨어지면서 대기 중에서 빛을 발하는 것입니다.

　　유성은 아무런 예고 없이 떨어지는 듯 보이지만 많이 떨어지는 시기와 적게 떨어지는 시기가 있습니다. 유성이 많이 떨어지는 날에 유성들의 궤적

사자리 유성우

을 살펴보면 하늘의 일정한 방향에서 방사상으로 퍼지며 떨어진다는 사실을 확인할 수 있습니다. 이를 복사점이라 하며, 어느 별자리에 속해 있는가에 따라 유성군의 이름을 붙이고 있습니다. 반대로 아무런 유성군에도 속해 있지 아니한 유성들은 산발유성이라고 합니다.

한 해 동안 가장 활발한 유성군으로는 단연 세 유성군이 꼽힙니다. 바로 사분의 유성군, 페르세우스 유성군, 쌍둥이 유성군입니다. 이들은 유성이 가장 많이 떨어지는 극대 시각 무렵 한 시간에 50개가 넘는 많은 유성을 볼 수 있는 대 유성군들입니다.

사분의 유성군은 일 년의 문을 여는 1월 4일경, 한 해를 시작하는 시점에 유성을 날립니다. 매서운 한겨울이어서 관측하기 어렵습니다. 또 다른 유성군에 비해 극대 시각이 몇 시간에 불과해 매우 짧기 때문에 이 유성군의 경우 관측이 까다롭습니다. 사전에 치밀한 준비가 필요합니다. 이 유성군에 대한 국내 관측 기록은 1987년과 1990년에 몇 명의 아마추어들이 행한 관측 결과가 각각 남아 있습니다.

해마다 8월 12일, 한 여름밤에 장대한 유성들을 대량으로 뿌리는 페르세우스 유성군은 가장 유명한 유성군입니다. 그 이유는 페르세우스 유성군이 다음과 같은 두 가지 장점을 갖고 있기 때문입니다. 하나는 그 시기가 사람들이 야밤에 활동하기 편리한 한여름이라는 점, 다른 하나는 관측 가능 시기가 매우 길고 극대 지속시간 또한 매우 길다는 것입니다. 극대 지속시간은 페르세우스 유성군이 다른 유성군에 비해 압도적으로 길기 때문에, 극대 시각에 구애받지 않고 매년 이 유성군의 멋진 모습을 볼 수 있습니다. 국내 아마추어들도 거의 해마다 이 유성군의 기록들을 남기고 있습니다.

추운 한겨울 밤인 12월 14일, 많은 유성을 뿌리는 쌍둥이 유성군도 페르세우스 못지않은 활발한 유성군이지만 계절이 겨울이어서 상대적으로 주목을 받지 못하고 있습니다. 또 국내에도 거의 기록이 남아 있지 않습니다.

이 밖에 33년마다 한 번씩 시간당 수만 개에 달하는 유성의 비를 뿌리는 사자자리 유성군도 매우 유명합니다. 1998년과 1999년 11월 18일이 바로 이 유성군이 최대의 유성 비를 뿌린 때였습니다. 하지만 이 유성군은 다른 해에는 매우 미약합니다.

그밖에 5월 5일의 물병자리 에타 유성군, 7월 27일의 물병자리 델타 유성군, 10월 20일 오리온자리 유성군도 시간당 20개 남짓한 중요 유성군입니다.

"유성은 어떻게 관측하지요?"

"오늘은 개수 관측을 할 거야. 다시 말하면 유성이 떨어진 숫자를 세는 거야. 한 사람은 관측을 하고, 다른 한 사람은 기록을 하고… 한 시간씩 번갈아가며 할 거야. 누가 먼저 하지?"

유성 관측은 호성이에게 새로운 경험이 될 것입니다. 처음에는 호성이가 기록을 맡고 별자리 누나가 먼저 관측을 했습니다. 유성이 떨어지면 별자리 누나가 소리칩니다.

"2등급!"

그 소리를 들은 호성은 시계를 보고 유성이 떨어진 시간을 적습니다. 별자리 누나가 외친 것은 유성의 밝기입니다. 한 시간 동안 유성이 나타날 때마다 이런 일을 반복했습니다. 물론 이것만 한 것은 아닙니다. 가끔 유성의 길이도 적었고 유성의 색깔도 기록하곤 했습니다. 또 지금 보이는 하늘에서 가장 어두운 별의 등급도 측정해 기록했습니다.

밤이 깊어가자 저 멀리서 학생들의 노랫소리가 들려왔습니다. 천체관측을 마친 다른 학생들이 오락을 하며 즐거운 시간을 보내고 있나 봅니다. 호성이는 저쪽 편에 누워 있는 김준과 은하에게 괜히 신경이 쓰였습니다. 그들도 관측을 하고 있는지 유성의 개수를 세는 소리가 들려왔습니다.

"와아!"

탄성이 터져 나왔습니다. 밤하늘을 환히 밝히는 거대한 유성이 떨어진 것입니다. 그 밝기는 금성보다도 훨씬 더 밝았습니다. 게다가 유성이 지나간 다음에도 은은한 자국이 하늘에 얼마 동안 남아 있었습니다.

"저렇게 밝은 유성을 화구라 한단다. 정말 밝은 것은 보름달만큼 되는 것도 있다고 하더라. 그리고 유성이 지나간 자국이 남은 것을 유성흔이라 하지."

별자리 누나가 설명을 해주었습니다.

유성 관측법

유성은 어디에서 보는 것이 좋을까요? 당연히 다른 별들을 보는 것과 큰 차이가 없습니다. 불빛이 없는 야외라면 더 많은 유성을 볼 수 있을 것입니다.

유성 관측의 가장 좋은 점이라면 별도의 장비가 필요 없다는 것입니다. 다른 대상들은 천체망원경이라는 값비싼 장비가 필요하지만, 유성 관측만은 그렇지 않습니다. 유성을 관측하는 데에는 또릿한 두 눈만 있으면 충분합니다. 이것이 바로 많은 사람들을 끄는 매력이 됩니다.

보고만 있어도 신기한 유성이지만, 그냥 눈만 뜨고 보고 있다면 아마추어 천문가로서 부끄러운 일일 것입니다. 이 유성들을 기록하면서 본다면 훨씬 흥미롭고 보람된 시간을 보낼 수 있습니다. 그렇다면 유성은 어떻게 기록을 남겨야 할까요?

일반적인 유성 관측 방법에는 유성수를 세는 개수 관측과, 그 흐름을 기록하는 경로 관측, 그리고 사진으로 남기는 사진 관측이 있습니다.

개수 관측이란 시간당 얼마나 떨어지는가 하는 것을 기록하는 방법입니다. 유성이 떨어진 시각과 개수를 기록하면서 각 유성의 밝기와 유성흔의 유무를 기록하면 훌륭한 기록이 됩니다.

경로 관측이란 미리 준비해둔 성도에 유성이 떨어진 위치를 기록하는 방법입니다. 어렵기 때문에 베테랑이 아니면 오차가 많이 나므로 별로 권하지 않습니다. 특히 요즘에는 사진 관측이 유행하여 상대적으로 그 의미가 퇴색되어 가고 있습니다.

오늘날에는 사진 관측을 이용한 유성 관측과 나아가 전파 관측을 통한 유성 관측이 세계적으로 점차 보편화되고 있는 추세입니다.

점차 은하수가 흐려지며 밤하늘이 밝아올 무렵 유성 관측은 끝이 났습니다. 그동안 호성이가 본 유성은 백 개를 훌쩍 넘어서고 있었습니다. 그때마다 소원을 빌다 보니 호성이는 밤새도록 은하를 셀 수 없이 중얼거렸을 것입니다.

"자! 이제 자러 가자꾸나."

김준이 자리를 뜨며 말했습니다. 호성이도 자리에서 일어났습니다. 왠지 모를 아쉬움이 남았습니다.

"준 오빠! 먼저 들어가세요. 전 호성이랑 할 이야기가 있어요."

은하의 말은 호성이로서는 생각지도 못한 것이었습니다. 호성이가 멈칫하자 은하가 호성이의 손을 잡아끌었습니다.

"너무 오래 있지는 말아라. 잠도 좀 자둬야 하니까."

별자리 누나가 그들을 보고는 의미심장한 웃음을 지으며 김준과 함께 사라졌습니다. 점차 그들의 모습이 어둠 속에 사라졌습니다.

"호성아! 누워서 같이 별 보자."

호성이는 마지못한 척하며 은하의 옆에 누웠습니다. 하늘이 다소 밝아졌지만 여전히 별들은 반짝거리고 있었습니다.

"저 별들은 항상 나에게 기쁨과 희망을 줘. 넌 그렇지 않니?"

은하가 하늘의 별들을 가리키며 물었습니다.

"으응."

기분이 묘해진 호성은 저 하늘 너머로 시선을 고정시키며 대답했습니다.

"호성아… 여기에 와서 너 좀 이상해졌더라. 내가 말을 걸어도 대답도 않고…."

호성이는 캠프 기간 동안 은하랑 거의 이야기를 하지 않았다는 사실을 깨달았습니다. 물론 그것은 2학년 형들에게 둘러싸인 은하 때문이었다고 호성은 생각했습니다.

은하가 호성이의 손을 꼬옥 잡았습니다.

"호성아, 나를 멀리하는 이유가 있니? 난 너랑 가까워지고 싶거든."

　은하의 나직한 말은 호성이의 마음속에서 작은 충격파를 번지게 했습니다. 하늘 위에서 밝은 유성 하나가 흘러갔습니다. 그 유성의 빛은 두 사람의 눈동자에 뚜렷하게 각인되었습니다.

　"저 별들은 항상 저기에서 변함없이 빛나고 있어. 난 우리 우정도 그랬으면 좋겠어."

　은하의 목소리는 호성이의 마음에 깊숙이 다가왔습니다. 호성이는 대답 대신 은하를 잡은 손에 힘을 주었습니다. 동쪽 하늘이 밝아왔습니다. 그 하늘 아래 어린 연인인 두 사람은 하염없이 하늘을 쳐다보고 있었습니다.

★ 별자리는 계절별로 달라집니다. 아는 별자리에서 시작해서 책을 보면서 모르는 별자리를 찾아가는 것이 좋습니다. 별자리에 친숙해지는 것은 천체 관측의 기본입니다.

★ 천체망원경은 별이 모여 있는 성단, 우주공간의 가스 구름인 성운, 별의 집단인 은하를 볼 수 있습니다. 성운·성단 은하의 관측이야말로 천체관측 의 꽃입니다. 초보자 시절에는 흐릿한 모습에 실망하기 쉽지만 관측 경험이 쌓일수록 그 환상적인 모습에 매료됩니다.

★ 밤하늘에는 이 밖에도 많은 볼거리가 있습니다. 두 별이 붙어 있는 이중 성, 예고 없이 나타나는 혜성, 밤하늘을 가끔씩 지나가는 유성 등이 있습니 다. 하늘은 볼수록 점점 더 많은 것을 보여줍니다.

6부
기록을 남겼답니다

✨ 관측 일지를 쓰는 것이 즐겁습니다 ✨

여름방학이 끝나자 학생들은 다시 학교로 돌아왔습니다. 많은 학생들이 즐거웠던 방학 이야기를 나누며 웃음꽃을 피웠습니다. 호성이도 다른 해에 비해 정말 즐거운 방학을 보냈습니다. 무엇보다 은하와 함께 밤하늘의 유성을 바라본 시간이 가장 즐거운 추억이었습니다.

학교 축제가 다가오자 천체관측반은 더욱 분주해졌습니다. 여름이전까지만 해도 1학년들에게는 새로운 것을 배우는 편안한 분위기였는데, 이제는 무언가 결과를 만들어내야 하는 시기가 되었습니다. 교내 관측 때에도 그냥 눈으로 보고 끝나던 것이 이제는 직접 기록을 남겨야 했습니다.

전시회 때 필요한 관측 기록은 성운·성단을 스케치한 것과 학생들이 찍은 천체 사진입니다. 모든 반원들은 적어도 하나씩 기록을 내야 합니다. 그리고 그것보다 더 중요한 것이 바로 학예 발표회의 연구과제입니다. 호성이와 은하는 여름 캠프에서 페르세우스 유성군에 대한 관측을 이미 수행했기 때문에 기록 분석에 열중했습니다.

유성군 기록 분석은 애초에 김준이 하기로 되어 있었습니다. 그러나 전반적인 축제 준비로 반장으로서 너무나 할 일이 많았기 때문에 기록 정리 및 분석을 은하가 대신하게 되었습니다. 이것은 은하의 능력을 인정했다는 뜻도 됩니다. 그 덕분에 은하를 돕는다는 명분으로 호성이 또한 은하와 많은 시간을 함께 했습니다.

오늘도 호성은 은하네 집에 들렀습니다. 유성군 관측 기록들을 정리하기 위해서입니다.

"은하야, 난 항상 네가 알고 있는 천체관측 지식의 끝이 어디일까 하는 점이 가장 궁금해. 넌 정말 관측 안 해본 것도 없고, 모르는 것도 없잖아?"

호성이의 말에 은하가 웃음을 지었습니다.

"그건 아냐. 하늘이 얼마나 넓은지 아니? 나도 아직 멀었어. 이제 간신히 초보자 티를 벗은 것뿐인데 뭘."

그 말이 겸손임을 호성이는 알고 있습니다.

"전부 아버지의 영향이니?"

"응, 맞아. 하지만 그냥 단순히 아버지 옆에서 보기만 했다면 이렇게까지는 아니었겠지. 난 그 모든 것이 아버지가 알려준 독특한 관측 방법 때문이라 생각해."

"독특한?"

"응."

은하가 자신의 서랍에서 한 뭉치의 노트를 꺼내었습니다. 놀랍게도 그것은 은하가 지금까지 관측했던 모든 것들을 적어둔 관측 일지였습니다. 가장 처음의 것은 초등학교 2학년 때부터였습니다. 그리고 최근에도 집에서 아버지와 함께 관측한 모든 내용들이 자세하게 적혀 있었습니다. 호성은 너무나 놀라 입만 벌리고 있었습니다. 갑자기 은하의 관측 능력에 대한 무게가 느껴졌습니다.

"아버지는 내가 어릴 적부터 별을 볼 때 그 기록을 남기도록 하셨어. 요즘에도 습관이 되어서 계속 남기고 있지만… 그냥 보는 것보다 기록을 남기게 되면 더 정성껏 보려고 노력하고, 또 공부도 되기 때문에 확실히 좋은 것 같아."

호성이는 은하의 말에 반성을 했습니다. 관측 일지를 보다 보니 최근 일주일 동안에만 벌써 세 번의 관측을 했다는 것을 알 수 있었습니다. 망원경만 사놓고 관측을 하지 못하고 있는 자신이 부끄러워졌습니다.

"관측 일지에는 관측 시간, 장소, 장비 등을 있는 그대로 기록하면

돼. 그래야 나중에도 쓸모 있는 기록이 되거든."

호성이는 새삼 궁금해졌습니다. 은하는 이처럼 열심히 별을 보고 있는데도 학급 성적이 정말 뛰어납니다. 공부는 언제 하는 걸까요? 별도 제대로 안 보면서 공부도 은하보다 못하는 호성은 도대체 어찌 된 것일까요?

관측 일지 남기기

천체관측을 단지 눈으로 보고 끝내 버린다면 아무런 발전이 없습니다. 관측한 내용들을 체계적으로 기록하고 또 분석할 때 더욱 가치 있는 관측 시간을 보내었다고 할 수 있습니다.

가장 간단한 형식의 일지는 그때그때 관측한 내용을 간단한 형태의 일기로 남기는 것입니다. 이 관측 일지에는 다음과 같은 내용들이 포함되어야 합니다.

관측자 / 관측 일자 / 관측 시간 / 관측 장소

날씨 / 관측 장비 / 관측 내용 / 기타

굳이 딱딱한 내용들만 기록할 필요는 없습니다. 이 관측 일지는 개인의 취향이기 때문에 일기를 쓰듯이 그냥 자연스럽게 쓰면 됩니다. 처음에는 별 일 아닌 것처럼 보일지 모르지만, 이 관측 일지도 몇 년 쌓이게 되면 한 개인의 관측 경험에 대한 모든 기록이 담기게 됩니다.

● 관측 일지의 예

관측자	△△△	일지번호 : 129
관측일	2020.01.27　서울 한강변	
관측장비	101mmF/8굴절 망원경	
날씨	시상 : 7/10　　투명도 : 4.3 흐리다가 밤이 되며 맑게 갬	
23:00~23:30	<화성> Or 6mm아이피스로 135배로 관측. 중접근한 화성의 북극관 모습이 뚜렷하다. 어두운 표면 무늬가 동서로 흐릿하게 나타난다.	
23:30~24:00	<M44> 프레세페 관측, K20으로 40배 관측. 어두운 배경 별들이 많이 사라졌지만 밝은 별들은 환상 그 자체. 20여 개의 별들이 보석처럼 뿌려져 있고, 그 뒤로 어두운 별들이 보일 듯 말 듯 하다.	

　관측 일지가 개인의 일기장이라면, 대외적으로 발표하거나 천문학에 기여할 수 있는 좀 더 객관적인 형태의 기록들도 있습니다. 이 기록들은 대상에 따라 기록되는 내용이 다소 달라지고 또 일지의 형식에도 차이가 있습니다.

시상과 투명도

　관측 기록에 기입되는 관측 당시의 날씨는 중요한 기본 자료입니다. 서울 하늘과 시골의 하늘은 엄청난 차이가 있습니다. 또 같은 장소라도 날씨에 따라 많은 차이를 발생시킵니다. 서울에서 소형 망원경으로 M27을 보았다면 대단한 일이 될 수 있지만, 시골에서 동일한 대상을 보았다면 그것은 별다른 일이 아닐 수 있습니다.

　관측한 밤하늘을 객관적으로 나타내기 위해 다음과 같은 두 가지의 기준에 따라 평가합니다. 바로 시상과 투명도입니다.

시상은 다른 말로 시잉(seeing)이라고도 하는데, 하늘의 안정도를 뜻합니다. 시상이 좋은 날이라면 행성이나 이중성 분해 등에 매우 이상적입니다. 반면 시상이 안정되지 않는다면 고배율에서 상의 떨림이나 울렁임이 일어나서 제대로 별을 볼 수 없습니다.

시상은 5단계, 또는 10단계로 많이 표현합니다. 5단계일 때 시상이 가장 나쁠 때가 1/5이며, 가장 좋은 때가 5/5입니다. 10단계일 경우 고배율로 별을 볼 때 별이 계속 울렁거리면 1/10, 평소와 같으면 5/10, 별이 안정되어 조금의 흔들림도 없으면 10/10입니다. 처음에는 시상이라는 개념을 명확히 적용하기 어렵겠지만 곧 익숙해질 것입니다.

투명도는 말 그대로 하늘에 별이 얼마나 잘 보이는가 하는 것을 나타냅니다. 투명도를 표현하는 방법에는 두 가지가 있습니다. 하나는 10단계로 구분해 야외 산꼭대기 위에서의 이상적인 하늘을 10/10으로 두고, 도심 한가운데 별이 잘 보이지 않는 하늘을 1/10로 표시하는 방법입니다. 다른 하나는 보다 객관적인 것으로 관측 당시 하늘 천정 부근에서 볼 수 있는 가장 어두운 별의 등급을 적는 방법입니다. 야외 이상적인 곳이라면 6.0에서 6.2가량, 도심 한가운데라면 3.0 등급 정도의 별이 보일 것입니다.

날씨에 따라 시상이 좋아도 투명도가 나쁜 날이 있고, 투명도가 좋아도 시상이 나쁜 날이 있습니다. 우리나라의 경우 한 겨울철에 바람이 불며 날씨가 매우 맑은 날은 시상이 나쁘지만 투명도가 매우 좋은 날입니다. 반면 봄철의 하늘은 안개 같은 것이 끼어 투명도가 나쁘지만 대기가 안정적이어서 시상이 좋을 수 있습니다.

시상이 좋은 날은 행성, 이중성의 관측을 행하고, 투명도가 좋은 날은 성운·성단 관측을 합니다.

"그럼 은하 너희 아버지도 관측 일지를 쓰시니?"

"응. 그렇긴 하지만, 나와는 좀 다르지. 아버지는 좀 더 전문적인 기록을 남기셔. 한번 볼래?"

호성의 입이 벌어졌습니다. 마음속으로 존경하던 은하 아버지의 천체관측 기록을 엿볼 수 있다는 사실에 가슴이 두근거렸습니다.

은하는 호성을 2층으로 데리고 갔습니다. 예전에도 들렀던 이곳은 은하 아버지가 서제로 쓰시는 곳입니다.

은하는 책꽂이에서 앨범을 꺼내었습니다.

앨범을 열어본 호성은 깜짝 놀랐습니다. 화려한 성운·성단 사진들이 줄줄이 나열되어 꽂혀 있었습니다. 그 사진들에는 모두 자세한 데이터가 첨부되어 있었습니다.

"그 모든 사진은 아버지가 직접 찍으신 거야. 아버지는 관측 기록들의 정리를 철저히 하시지. 지난번 천문대에 함께 갔을 때 아버지가 찍은 사진도 있을 거야."

호성은 앨범을 하나하나 넘겨보며 내심 탄성을 질렀습니다.

은하는 또 다른 앨범을 하나 가지고 왔습니다.

"이것은 아버지가 성운·성단·은하들을 스케치하신 거야."

천체사진 앨범도 놀라웠지만 스케치북은 더 엄청난 것이었습니다. 무엇보다 이렇게 하나하나 대상들을 정리하고 기록해두었다는 점은 호성이로서는 생각지도 못한 것이었습니다. 만사에 덤벙대고 꼼꼼하지 못한 호성이는 언제 이렇게 할 수 있을까요?

"관측 기록을 하는 방법에는 어떤 것이 있지?"

호성의 질문에 은하가 대답했습니다.

"성운·성단·은하 관측만을 생각해보면 대상을 본 느낌을 글로 표현하는 묘사, 그림으로 표현하는 스케치, 그리고 사진으로 남기는 천체사진, 이 세 가지 방법이 주라고 할 수 있어. 물론 하늘의 대상에 따라 관측 기록 방법은 다르지. 태양이 다르고⋯달도 다르고⋯."

"넌 아버지처럼 기록을 남긴 건 없니?"

"한두 개 있긴 있어. 하지만 아직 전문적인 기록을 하진 않고 있어. 아버지도 조금 더 관측에 익숙해지면 본격적인 기록을 하라고 하시거든."

호성은 앞으로 몇 년 뒤에 자신도 이처럼 기록을 남긴 파일들을 가져야겠다고 다짐했습니다. 그리고 그 파일들이 채워질 때쯤이면 자신도 베테랑이 되어 있을 것입니다.

'그때쯤이면⋯ 은하는 얼마나 더 고수가 되어 있을까⋯.'

호성은 속으로 중얼거렸습니다.

스케치하기

한꺼번에 많은 대상을 관측하는 것도 재미있지만 한 대상을 자세히 관측하는 것은 더욱 중요합니다. 아마추어 천문가들은 스케치를 함으로써 비로소 그 대상을 찬찬히 살펴보게 됩니다. 그런 과정 속에서 관측기술도 더욱 발전하게 되지요.

여기서는 성운ㆍ성단ㆍ은하의 스케치를 알아봅니다. 스케치를 하려면 연필과 흰색 용지가 필요합니다. 연필은 많이 쓰이는 HB 외에 B2나 B4를 하나쯤 더 마련하는 것이 좋습니다. 용지는 B5 크기나 A4 크기의 모조지 정도면 충분합니다. 먼저 원을 하나 그리는 데 이것이 망원경의 시야를 나타냅니다. 보통 원이 클수록 멋있는 스케치가 되지만, 너무 크면 그리기가 어려워 지름 5cm 이상 10cm 이하 정도를 많이 씁니다. 가능하면 종이 하나에 대상 하나만을 그립니다.

연필과 용지가 준비되었으면 붉은색 손전등을 준비합니다. 손전등이 너무 밝으면 눈의 암적응이 깨어져서 관측이 어렵고, 너무 어두우면 그림을 그리기가 어렵습니다.

자, 지금부터 스케치를 시작해봅시다. 스케치를 시작할 때의 배율은 너무 낮거나 높지 않은 적절한 것이 좋습니다. 목표하는 대상이 가장 잘 보이는 배율이 최적입니다.

처음에 그리게 되는 것은 배경의 별들입니다. 이 별들로서 전체적인 방향 및 위치의 감을 잡습니다. 이 별들은 밝기에 따라 그 크기를 달리 표시합니다. 성운·성단의 스케치는 가급적 주관적인 것을 배제하고 객관적으로 그려야 합니다. 보이는 대로 정성을 들여 그리는 것이 중요합니다. 성운·성단의 가장 큰 특징이라면 변화가 없다는 점입니다. 행성의 스케치는 행성 자전 때문에 20분 이내 등의 단서가 붙습니다. 그러나 성운·성단의 경우는 그렇지 않지요. 만일 오늘 그리다가 중단되었다면 내일 또 계속해서 그려도 됩니다. 실제로 베테랑 아마추어들은 2~3일에 걸쳐 몇 시간 동안 한 대상의 스케치를 행하여 대작을 만들어내는 경우도 있습니다.

흐릿한 대상은 약간 무른 B2 연필 등을 이용해 연하게 칠합니다. 이때 실제 보이는 것보다 콘트라스트가 과장되어 나타나는 경향이 있습니다.

스케치를 함에 있어 가장 중요한 것이 방향 표시입니다. 방향 표시가 없으면 훗날 자료로 사용하기가 거의 불가능해집니다. 방향을 알 수 있는 가장 기본적인 방법은 별이 흘러가는 방향을 기록하는 것입니다. 시야의 중심에 있던 별들이 흘러가는 방향이 바로 서쪽입니다. 그다음에는 망원경의 상태에 따라 북쪽과 남쪽을 결정합니다.

스케치가 끝나면 부수적인 것을 기입합니다. 먼저 스케치한 대상이 무엇인지를 적습니다. 관측에 사용된 망원경, 아이피스, 배율 등도 기입합니다. 다음에 날씨 상황 즉, 시상이나 투명도를 기입하고 관측 장소, 관측 시각도 기입합니다.

스케치 옆에는 스케치로 표현할 수 없었던 사항이나 기타 참고할 사항을 간단히 적어놓고, 후에 참고 서적을 찾아 대상의 시직경, 밝기, 위치 등도 써 넣습니다.

● 성운·성단 관측 기록 예

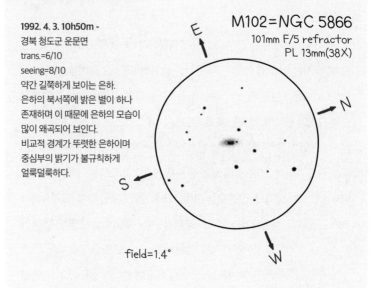

1992. 4. 3. 10h50m -
경북 청도군 운문면
trans.=6/10
seeing=8/10
약간 길쭉하게 보이는 은하.
은하의 북서쪽에 밝은 별이 하나
존재하며 이 때문에 은하의 모습이
많이 왜곡되어 보인다.
비교적 경계가 뚜렷한 은하이며
중심부의 밝기가 불규칙하게
얼룩덜룩하다.

M102=NGC 5866
101mm F/5 refractor
PL 13mm(38X)

E

N

S

W

field=1.4°

✨ 학예 발표회를 했습니다 ✨

축제가 시작되었습니다. 호성이네 학교 축제 기간은 이틀입니다. 그중 하루는 수업을 마친 후 축제 일정이 잡혀 있었고, 마지막 날에 는 오전 수업만 한다고 했습니다. 외부에서 구경 온 다른 학교 학생 들도 참으로 많았습니다. 그중 일부는 다른 학교 천체관측반 학생들 입니다. 이미 2학년들은 그 학생들과 안면이 있었는지라 자연스럽게 인사도 하고 관측 정보도 나누고 했지만, 호성이는 처음 보는 사람들 이라 인사만 했습니다.

학교 간에 교류를 하다 보면 항상 묘한 경쟁심이 일어나게 마련입니다. 그것은 호성이네도 마찬가지였습니다. 호성이네 학교는 천체 관측 분야에서 다른 학교보다 앞서나가고 있었는지라 자연히 다른 학교 학생들이 배우러 오는 경우가 많았습니다. 특히 학예 발표회의 연구과제 발표는 그 정보 교환의 중심이라고 할 수 있습니다.

호성이네가 발표하는 내용은 모두 다섯 가지였습니다. 천체관측 내용 중 첫 발표는 한 달에 걸쳐 반원들이 관측한 태양 관측 기록에 대한 것이었습니다. 이 기록은 반원들이 여름방학 이후 매일 점심시간에 날씨가 맑을 때면 모여 태양 흑점을 기록한 것을 정리 분석한 것입니다. 당연히 그 속에는 호성이가 관측한 기록도 적지만 포함되어 있습니다.

태양 자전 주기 관측

태양은 27일가량을 주기로 하여 한 바퀴 자전하고 있습니다. 우리는 태양의 자전을 흑점을 관측함으로써 확인할 수 있습니다. 그냥 단순히 흑점을 눈으로 보기만 한다면 태양의 자전 주기를 확인한다는 것은 거의 불가능합니다. 하지만 태양 투영법을 사용한 정확한 태양 스케치나 태양 전면 사진을 이용해 태양 자전 주기를 알아낼 수 있습니다.

먼저 태양을 관측할 때 관측 일지의 내용을 철저히 기입합니다. 관측 시간이 중요하므로 흑점의 위치를 결정한 시각을 분 단위까지 기입합니다. 태양 관측 스케치는 투영법과 직시법이 병행되면 가장 좋습니다. 투영법으로는 정확한 흑점의 위치를, 직시법에서는 흑점의 상세한 형상을 그립니다.

스케치에는 태양의 방향이 반드시 기입되어야 합니다. 태양이 흘러가는 방향이 서쪽입니다. 사진에서는 태양이 흘러간 뒤 한 번 더 동일 필름에 촬

영(이중촬영) 하거나, 찍을 때부터 카메라 방향을 정확히 확인해 찍어야 합니다.

각각의 날에 관측된 태양의 스케치와 사진이 모이면 분석을 시작합니다. 태양의 상태를 결정하는 세 가지 값이 있습니다. 흔히 이를 P, B_0, L_0라고 합니다.

P는 태양의 자전축인 북쪽이 천구의 북쪽과 얼마나 돌아간 상태로 있는가 하는 것을 뜻합니다. 우리가 관측한 서쪽 방향은 천구의 서쪽 방향이기 때문에 태양의 서쪽과는 다릅니다. 이 P 값은 장기간 관측을 해서 알 수 있지만 천문연감 등에 그날의 P 값이 표시되어 있습니다. P = 10이라면 태양의 자전축이 천구의 북쪽에 대해 시계방향(동쪽)으로 10도 돌아간 상태란 뜻입니다.

B_0 값은 관측된 태양의 정중앙이 태양의 위도 좌표로 얼마인가 하는 것을 나타냅니다. 태양이 지구와 정면으로 마주 보고 있다면 태양의 정중앙이

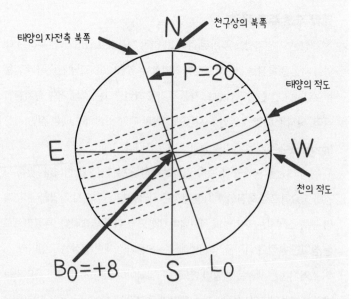

태양의 P, B_0, L_0 값. 천구의 좌표와 태양 자전축의 좌표를 구분해야 합니다.

위도 0도이겠지만, 실제로 태양은 지구 쪽으로 약간 고개를 숙이고 있거나 반대로 약간 올려다보고 있습니다. 그 각도는 최대 8도 정도로 시각에 따라 다릅니다.

$B_0 = -3$이라면 태양의 정중앙이 태양 위도 -3도란 의미입니다. 즉, 태양의 약간 남쪽을 우리가 보고 있다는 뜻입니다.

L_0는 해당 시각의 태양 중앙 경도입니다. 태양이 항상 자전하고 있으므로 이 L_0의 값은 시간에 따라 변화합니다. 관측된 태양에서 관측 시각을 기지고 L_0 값을 계산해냅니다. 이 L_0 값 또한 천문연감에 나타나 있습니다.

이제 우리는 관측한 태양 스케치(또는 사진) 각각에 대한 P, B_0, L_0 값을 결정할 수 있습니다. 이제 각각의 흑점에 대한 태양에서의 경도와 위도 좌표를 계산할 수 있습니다. 이것은 구면 좌표계를 이용한 수식으로 알아낼 수도 있고, 태양의 경위도가 그려진 태양 좌표판을 이용해서 알아낼 수 있습니다.

약 한 달에 걸쳐 이렇게 기록을 하면 흑점이 태양 뒷면으로 들어갔다 다

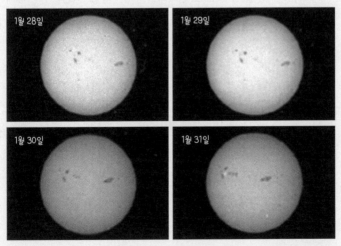

태양흑점의 이동 모습. 나흘간에 걸쳐 태양의 자전으로 인하여 태양 흑점이 오른쪽에서 왼쪽으로 이동하고 있는 것을 볼 수 있습니다(위쪽이 남쪽입니다).

시 나타났을 때, 그 흑점이 이전의 어느 흑점과 같은 것인지 알아낼 수 있습니다.

자전의 주기는 정확히 관측된 두 번의 기록을 가지고 구면좌표계를 이용해 구하거나 한 바퀴 회전해 돌아온 흑점을 이용해 계산할 수 있습니다.

또 태양의 흑점 상대수를 구하는 것도 중요합니다. 흑점의 상대수는 흑점의 많고 적음을 표시해 태양 활동이 얼마나 활발한가 하는 것을 나타내는 지수입니다. 이 지수는 다음의 식으로 표시됩니다.

RSN(흑점 상대수)=k(10×흑점군 수+흑점수)

여기서 k는 망원경 별 상대값으로 보통 1입니다. 흑점군의 개수가 세 개, 각각의 흑점 수가 12개라고 한다면 3×10+12=42로, 그날의 흑점 상대수 값은 42개인 것입니다. 독립되어 있는 흑점 하나는 흑점군으로도 한 개이고, 또 흑점수에도 한 개가 반영됩니다.

이 흑점 상대수를 지속적으로 관측해보면 11년 주기로 흑점이 많은 해가 돌아온다는 사실을 알아낼 수 있습니다. 즉 태양 활동은 11년을 주기로 반복됩니다.

목성의 위성 주기 관측

목성의 4대 위성은 항상 목성의 적도면에 일렬로 늘어서지만 관측을 지속적으로 하기 이전에는 각 위성의 이름을 알아내는 것이 어렵습니다.

목성을 관측하면서 목성의 위성 위치를 정확히 기입합니다. 위성 위치를 측정하는 가장 간단한 방법은 목성의 지름에 대해 위성이 얼마나 떨어져 있는가 하는 것을 가늠해보는 것입니다. 다소 부정확하지만 눈대중으로 이것을 측정하는 것도 한 방법이 될 수 있습니다. 또 보다 정확하게는 눈금이 그려진 격자 아이피스 등을 사용하면 됩니다. 또 목성의 사진을 찍어 위치를 판별할 수 있습니다.

하루 간격 또는 이틀 간격으로 약 보름간 위치를 확인해보면 어느 위성이 어디로 움직였는지 알 수 있습니다. 목성의 가장 가까이에서 돌고 있는 것이 이오이고, 가장 멀리까지 떨어지는 위성이 칼리스토입니다. 이것으로 각 위성이 어떤 것인지 확인할 수 있습니다.

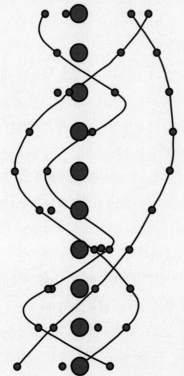

목성 위성의 이동 모습. 날짜별로 아래쪽으로 늘어놓은 것입니다.
목성의 4대 위성이 목성 주위를 돌고 있음을 확인할 수 있습니다. 선으로 연결되지 않은 위성은 가장 가까운 이오입니다.

이제 각 위성의 주기를 측정해봅시다. 이것은 우리가 목성을 보았을 때 각 위성이 목성의 표면에 진입하는 순간을 기준으로 측정할 수 있습니다. 위성이 목성 표면에 진입하는 순간의 시각을 알면 바로 그 다음번에 진입하는 순간까지의 시간이 바로 위성의 주기입니다.

문제는 우리가 관측한 대부분의 시간은 위성이 목성에 진입하는 순간이 아니라는 것입니다. 즉, 위성이 목성에 진입한 그때를 기준으로 전후 가장 가까운 기록을 골라 목성에 진입하는 그 순간을 계산합니다. 이제 목성 위성의 주기를 계산할 수 있을 것입니다. 또는 위성이 목성 주변을 원으로 돌고 있다고 가정하고 기하학적으로 구할 수도 있습니다.

관측된 스케치나 사진을 시간 순서로 아래쪽으로 배치해보면 위성이 목성 주위를 돌고 있는 주기적 모습을 시각적으로 확인할 수 있습니다.

박수소리와 함께 은하가 앞으로 나갔습니다. 은하가 발표할 내용은 페르세우스 유성군 관측 기록입니다. 은하는 다소 상기된 표정을 하고 있었습니다. 은하는 이날을 위해 꽃단장을 했는지 호성이의 눈에는 평소보다 더욱 예쁘게 보였습니다. 교복을 입은 단정한 모습이 참 보기 좋았습니다. 은하가 1학년이라고 자신을 소개하자 타 학교 학생들 사이에서 웅성임이 일었습니다. 1학년이 발표하는 경우가 흔치 않은 일이었기 때문입니다.

"페르세우스 유성군은 대표적인 유성군의 하나로 한여름철에 볼 수 있는 유성군입니다. 저희 학교에서는 지난 8월 12일 밤, 천문 캠프를 열고 그곳에서 이 유성군을 체계적으로 관측했습니다."

조용한 가운데 은하의 음성이 실내에 울려 퍼졌습니다. 호성은 매우 뿌듯함을 느꼈습니다. 자신이 그 관측의 주된 임무를 수행했고, 또 분석도 함께 했다는 것 때문입니다. 게다가 은하는 자신과 가장 가까운 여자 친구이니까요. 이처럼 예쁘고 똑똑한 여자친구가 있다면 그 누가 부러워하지 않을까요.

유성 기록 분석

유성의 개수 관측에서는 유성이 떨어진 시각과 떨어진 유성의 등급이 반드시 기입되어야 합니다. 또 많은 사람들이 잊어버리곤 하지만, 관측 당시에 볼 수 있었던 별의 육안 극한등급도 반드시 필요합니다.

개수 관측에서 얻고자 하는 것은 표준화된 유성 개수입니다. 이 개수는 ZHR(천정수정 유성수)이라 하며, 유성의 복사점이 하늘의 천정에 있을 때 이상적인 관측 상황에서 한 사람이 한 시간당 몇 개의 유성을 볼 수 있는가 하는 것을 나타냅니다.

기록의 분석은 한 사람이 해당 시각에 관측한 유성의 개수를 세는 것부터 시작합니다. 1시간 동안 관측된 유성의 수를 HR(시간당 유성수)이라 합니다. 만일 20분만 관측했다면 이를 60분으로 환산하면 됩니다. 즉, 관측된 유성수에 3을 곱합니다.

$$HR = \frac{관측된 유성수 \times 60}{관측시간(분)}$$

그다음 관측 당시 별의 극한등급(예:6.0), 운량(예:3/10)을 가지고 다음의 식을 계산합니다.

$$CHR(수정평균 유성수) = \frac{HR}{((0.2 \times 극한등급 - 0.3)(1 - 운량))}$$

(*극한등급 보정에서 최근에는 유성군의 특징에 기인한 밀도수 r을 이용해 $r^{**}(6.5-극한등급)$을 쓰기도 합니다. 페르세우스 군의 경우 r=2.27입니다.)

$$ZHR = \frac{CHR}{\cos(90 - 복사점 고도)}$$

이 식에서 보듯이 이상적인 상황을 우리는 천정에서 6.5등급의 별을 관측할 수 있는 경우로 봅니다. 유성군 분석을 위해서는 관측 시에 극한등급 측정을 0.1등급 단위까지 정확히 해야 함을 알 수 있습니다.

등급 측정 방법은 유성 관측 성도, 또는 변광성 관측 성도에 나타나 있는 별의 등급을 가지고 관측 당시에 그 별이 보이는가 하는 것으로 판별할 수 있습니다. 또 최근에는 하늘의 특정 영역 내에 몇 개의 별이 보이는가 하는 것을 이용해서 극한등급을 판정하기도 합니다. 극한등급이 5.3등급이었다면 수정계수는 1/0.76입니다. 다음에 해야 할 일은 관측 당시의 구름양인 운량에 따릅니다.

마지막으로 유성의 복사점을 계산합니다. 대개의 경우 잘 알려진 유성군의 복사점은 이미 그 위치를 알 수 있으므로 관측 당시의 고도도 알 수 있습니다. 복사점의 고도가 90도였다면 계수는 1입니다. 고도가 30도였다면 0.5입니다. 한 예로 30분 동안 열 개의 유성을 관측했을 때, 극한등급 5.5, 운량 1/10, 복사점 고도 20도인 경우를 가정해 ZHR을 구해봅시다. ZHR＝8입니다.

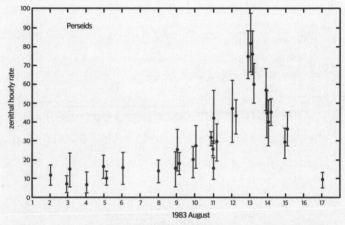

페르세우스 유성군의 유성수 변화. 1983년 페르세우스 유성군의 유성수를 날짜별로 나타낸 것입니다. 여기서 유성 개수는 ZHR 수입니다. 13일경, 최대 약 80개에 이르렀음을 알 수 있습니다.

해당 유성군에 대해 2~3일에 걸쳐 기록을 한다면 유성군의 극대시각과 각 시간별 유성 분포 등에 대해 객관적인 기록을 만들어낼 수 있습니다.

관측 때 각 유성의 등급이나 길이, 색깔 등을 기록한다면 해당 유성군의 등급별 분포, 길이 분포, 색깔 분포 등에 대해 분석할 수 있습니다. 또 경로 관측이나, 두 개 이상의 유성이 찍힌 사진을 이용하면 복사점 위치를 구할 수 있습니다. 여러 날짜에 대해 이러한 기록이 쌓이면 복사점 이동 경로를 구해낼 수 있고, 몇 년에 걸친 이런 기록들은 각 유성군의 성장과 소멸 및 우주 공간에서의 유성체 흐름에 대해 중요한 연구 자료가 됩니다.

이 밖에도 다양한 천문 현상들에 대해 구체적인 기록을 남기고 또 분석을 행할 수 있습니다. 대표적인 것으로 소행성의 움직임 관측, 달에 있는 산의 높이 측정, 성식 및 접식의 관측, 소행성식의 관측 등이 있습니다.

관측한 페르세우스 유성군의 출현 유성수 변화에 대한 자세한 분석 자료를 은하가 발표했습니다. 유성 관측에 대해 발표가 끝나자 몇 가지 질문이 쏟아졌습니다. 하지만 그리 어려운 질문은 없었는지라 은하는 자신 있게 대답을 했습니다.

마침내 박수소리가 터져 나오고 은하는 웃음을 가득 머금으며 단상에서 내려왔습니다. 호성은 은하에게 눈을 찡긋해 보였습니다. 은하도 호성을 보며 미소를 지었습니다.

해가 지고 날이 어두워지며 축제의 밤은 더욱 깊어갔습니다. 천체관측반에서 전시한 천체사진과 스케치들 앞에는 많은 학생들이 몰려들었습니다. 지난 일 년 동안 반원들이 행한 모든 땀과 노력의 결실이 바로 여기에 모여 있는 것입니다.

행사가 끝나갈 무렵이 되자 다소 여유가 생긴 호성과 은하는 자신들이 한 전시물들을 차근차근 둘러보았습니다. 내년에는 이보다 발

전된 모습을 보여주기 위해 더욱 열심히 하늘의 별들을 보아야 할 것입니다.

밤하늘에 별들이 하나둘 떠 있습니다. 저 하늘 가로등 위에도 밝은 별 하나가 어두운 거리를 비추고 있습니다. 그 별 아래 다정한 연인이 손을 잡고 걸어갑니다. 아름다운 모습입니다.

호성과 은하는 다소 흥분된 마음으로 길을 걸어갑니다. 아마추어 천문가로서 뭔가를 해보았다는 것이 강한 자부심으로 자리 잡았습니다. 비록 외국처럼 멋지고 값비싼 장비를 사용한 화려한 관측 내용들은 아니었지만, 또 아직은 부족한 지식으로 행한 어설픈 연구 결과였지만, 그들에게는 너무나 중요한 순간이었습니다.

"호성아, 저 별을 봐!"

은하가 손을 들어 하늘에 빛나는 밝은 별을 가리켰습니다.

"저 별은 항상 저기에서 말없이 우리를 쳐다보고 있어. 하지만 대부분의 사람들은 별이 떠 있음을 알지 못하지. 참 이상한 일이야. 별은 자신을 보는 사람에게만 그 화려한 모습을 보여주니까."

호성이에게도 별이 다가와 보입니다.

"난 얼마 전까지만 해도 저 별의 모습을 알지 못했어. 하지만 이제는 달라. 아직 미숙하긴 하지만 이제는 별에서 장엄한 우주의 드라마를 느껴."

호성의 눈앞에 처음 자신이 별을 보기 시작하던 초보자의 모습부터, 은하와 함께 별을 보았던 별밤과 먼 훗날 천체를 바라보고 연구하는 자신의 모습이 파노라마처럼 나타났다 사라져갔습니다. 그들에게 다가오는 별은 이전과 다른 모습입니다. 예전에는 단순히 감성적인 별이었다면, 지금은 자연과 우주의 조화로운 창조의 질서가 지배하는 별입니다.

호성이와 은하의 모습이 점점 멀어져 갑니다. 그들이 사라진 거리에는 여전히 별빛이 비치고 있습니다. 그들이 훗날 진정한 천체관측가로 성장했을 때 우리의 앞날도 더없이 밝아질 것입니다. 오늘도 하늘을 보며 밤을 지새우는 사람들을 위해 별은 빛나고 있습니다.

★ 막연히 하늘을 보는 것보다 계획을 세우고 기록을 남기는 것이 중요합니다. 기록을 남기면 보다 빨리 천체관측에 익숙해집니다. 또, 자신의 기록으로 다른 사람에게 도움을 줄 수도 있습니다. 체계적인 관측은 많은 것을 얻게 해주고 관측을 더욱 신나게 합니다.

성운·성단·은하 메시에 목록

OC=산개성단, GC=구상성단, PN=행성상성운, NB=산광성운, GA=은하

메시에 번호	NGC	종류	적경	적위	등급	시직경(′)	기타
1	1952	PN	05h 34m.5	+22° 01′	8.6	6′X4′	게성운
2	7089	GC	21 33 .5	-00 49	6.9	12′	
3	5272	GC	13 42 .2	+28 23	6.9	19′	
4	6121	GC	16 23 .6	-26 31	7.1	23′	
5	5904	GC	15 18 .5	+02 05	6.7	20′	
6	6405	OC	17 40 .0	-32 12	5.3	25′	
7	6475	OC	17 54 .0	-34 49	4.1	60′	
8	6523	NB	18 03 .7	-24 23	-	60′X35	석호성운
9	6333	GC	17 19 .2	-18 31	7.4	3′	
10	6254	GC	16 57 .2	-04 06	7.3	12′	
11	6705	OC	18 51 .1	-06 16	6.3	12′	
12	6218	GC	16 47 .2	-01 57	7.6	12′	
13	6205	GC	16 41 .7	+36 28	6.4	23′	
14	6402	GC	17 37 .6	-03 15	9.0	7′	
15	7078	GC	21 30 .0	+12 10	7.0	12′	
16	6611	OC	18 18 .9	-13 47	6.4	35′X28	독수리성운
17	6618	NB	18 20 .8	-16 10	-	46′X37	오메가성운
18	6613	OC	18 19 .9	-17 08	7.5	22′	
19	6273	GC	17 02 .6	-26 16	6.8	4′	
20	6514	NB	18 02 .4	-23 02	-	29′X27	삼열성운
21	6531	OC	18 04 .7	-22 30	6.5	12′	
22	6656	GC	18 36 .4	-23 54	6.3	18′	
23	6494	OC	17 56 .9	-19 01	6.9	25′	
24	6603	OC	18 18 .4	-18 25	4.6	4′	
25	1.4725	OC	18 31 .7	-19 14	6.5	40′	
26	6694	OC	18 45 .2	-09 24	9.3	9′	
27	6853	PN	19 59 .6	+22 43	7.6	8′X4′	아령성운
28	6626	GC	18 24 .6	-24 52	6.8	5′	
29	6913	OC	20 24 .0	+38 31	7.1	12′	
30	7099	GC	21 40 .4	-23 11	6.4	6′	

메시에 번호	NGC	종류	적경	적위	등급	시직경(')	기타
31	224	GA	00h 42m.7	+41° 16′	4.4	180′X63′	안드로메다은하
32	221	GA	00 42.7	+40 52	9.2	8′X6′	
33	598	GA	01 33.8	+30 39	6.3	62′X39′	
34	1039	OC	02 42.0	+42 47	5.5	30′	
35	2168	OC	06 08.8	+24 20	5.3	40′	
36	1960	OC	05 36.3	+34 08	6.3	17′	
37	2099	OC	05 53.0	+32 33	6.2	25′	
38	1912	OC	05 28.7	+35 50	7.4	18′	
39	7092	OC	21 32.3	+48 26	5.2	30′	
40	-	WNC4	12 22.2	+58 05	-	-	
41	2287	OC	06 47.0	-20 46	5.0	30′	
42	1976	NB	05 35.3	-05 23	-	66′X60′	오리온 대성운
43	1982	NB	05 35.5	-05 16	-	20′X15′	
44	2632	OC	08 40.0	+20.0	3.7	90′	프레세페
45	Mel.22	OC	03 47.5	+24 07	1.4	120′X120′	플레이아데스성단
46	2437	OC	07 41.8	-14 49	6.0	24′	
47	2422	OC	07 36.6	-14 29	4.5	25′	
48	2548	OC	08 13.8	-05 48	5.3	30′	
49	4472	GA	12 29.8	+08 00	9.3	9X7′	
50	2323	OC	07 03.0	-08 21	6.9	16′	
51	5194	GA	13 29.9	+47 12	9.0	11′X8′	부자은하
52	7654	OC	23 24.2	+61 36	7.3	12′	
53	5024	GC	13 12.9	+18 10	8.3	14′	
54	6715	GC	18 55.1	-30 28	7.1	2′	
55	6809	GC	19 40.0	-30 57	4.4	10′	
56	6779	GC	19 16.6	+30 11	9.1	5′	
57	6720	PN	18 53.6	+33 02	9.3	1.4′X1.0′	고리성운
58	4579	GA	12 37.7	+11 49	9.2	5′X4′	
59	4621	GA	12 42.0	+11 39	9.6	3′X2′	
60	4649	GA	12 43.7	+11 33	9.8	7′X6′	
61	4303	GA	12 21.9	+04 28	10.0	7′X2′	
62	6266	GC	17 01.2	-30 07	7.8	6′	
63	5055	GA	13 15.8	+42 02	9.3	12′X8′	
64	4826	GA	12 56.7	+21 41	9.4	9′X5′	검은눈 은하

메시에 번호	NGC	종류	적경	적위	등급	시직경(')	기타
65	3623	GA	11h 18m.9	+13° 06'	9.9	8'X2'	
66	3627	GA	11 20 .3	+13 00	9.7	9'X4'	
67	2682	OC	08 51 .3	+11 48		17'	
68	4590	GC	12 39 .5	-26 45	8.7	10'	
69	6637	GC	18 31 .4	-32 21	7.5	3'	
70	6681	GC	18 43 .2	-32 17	7.5	3'	
71	6838	GC	19 53 .7	+18 47	7.9	6'	
72	6981	GC	20 53 .5	-12 32	8.6	2'	
73	6994	OC	20 59 .0	-12 38	9.0	-	
74	628	GA	01 36 .7	+15 47	9.8	10'X10'	
75	6864	GC	20 06 .1	-21 55	8.6	2'	
76	650	PN	01 42 .2	+51 34	12.2	2.6'X1.5'	
77	1068	GA	02 42 .7	-00 01	9.5	7'X6'	
78	2068	NB	05 46 .7	-00 04	-	8'X6'	
79	1904	GC	05 24 .2	-24 31	8.1	4'	
80	6093	GC	16 17 .0	-22 59	6.8	4'	
81	3031	GA	09 55 .8	+69 04	7.8	26'X14'	
82	3034	GA	09 56 .2	+69 42	9.3	11'X5'	
83	5236	GA	13 37 .7	-29 52	8.2	11'X10'	
84	4374	GA	12 25 .1	+12 53	10.3	5'X5'	
85	4382	GA	12 25 .4	+18 11	9.9	7'X4'	
86	4406	GA	12 26 .2	+12 57	9.9	8'X7'	
87	4486	GA	12 30 .8	+12 23	9.6	7'X7'	
88	4501	GA	12 32 .0	+14 25	10.3	8'X4'	
89	4552	GA	12 35 .7	+12 33	9.5	2'X2'	
90	4569	GA	12 36 .8	+13 10	10.0	8'X2'	
91	4548	GA	12 35 .4	+14 30	10.8	3'X3'	
92	6341	GC	17 17 .1	+43 08	6.9	12'	
93	2447	OC	07 44 .6	-23 53	6.0	25'	
94	4736	GA	12 50 .9	+41 07	8.9	11'X9'	
95	3351	GA	10 44 .0	+11 42	10.4	6'X6'	
96	3368	GA	10 46 .8	+11 49	9.9	7'X4'	
97	3587	PN	11 14 .9	+55 01	12.0	3.4'X3.3'	작은아령성운
98	4192	GA	12 13 .8	+14 54	10.5	10'X3'	

메시에 번호	NGC	종류	적경	적위	등급	시직경(′)	기타
99	4254	GA	12h 18m.8	+14° 25′	10.2	5′X5′	
100	4321	GA	12 22 .9	+15 49	9.9	7′X6′	
101	5457	GA	14 03 .2	+54 21	8.2	27′X26	
102	5866	GA	-	-	-	-	
103	581	OC	01 33 .1	+60 42	7.4	7′	
104	4594	GA	12 40 .0	-11 37	9.3	9′X4′	맥고모자은하
105	3379	GA	10 47 .9	+12 35	9.2	2′X2′	
106	4258	GA	12 19 .0	+47 18	9.0	18′X8′	
107	6171	GC	16 32 .5	-13 03	8.9	3′	
108	3556	GA	11 11 .6	+55 40	10.4	8′X2′	
109	3992	GA	11 57 .7	+53 22	10.5	7′X5′	
110	205	GA	00 40 .3	+41 41	8.9	17′X10′	

PN=행성상성운, OC=산개성단, NB=산광성운,
SG=나선은하, GC=구상성단, EG=타원은하, IG=불규칙은하

NGC	종류	적경	적위	등급	시직경(′)	기타
40	PN	0h 13m.0	+72° 32′	10.2	0.6	천의북극 주변에 위치한 멋진 대상
129	OC	0 29 .9	+60 14	6.5	21	가을 은하수 내의 멋진 대상 중 하나
253	SG	0 47 .6	-25 17	7.1	22X5	남천의·밝고 큰 은하
404	SG	1 09 .4	+35 43	10.1	4.4	안드로메다 베타성에서 6분 떨어짐
457	OC	1 19 .1	+58 20	6.4	13	올빼미 성단
663	OC	1 46 .0	+61 15	7.1	16	가을 은하수 내의 멋진 대상 중 하나
752	OC	1 57 .8	+37 41	5.7	50	안드로메다자리의 돋보이는 대상
869	OC	2 19 .0	+57 09	4.4	30	이중성단
884	OC	2 22 .4	+57 07	4.7	30	이중성단
891	SG	2 22 .6	+41 21	10.0	12X1.1	멋진 측면은하
936	SG	2 27 .6	-01 09	10.1	3.3X2.5	고래자리의 비교적 밝은 대상
1023	EG	2 40 .4	+39 04	9.5	4.0X1.2	891의 쌍벽을 이루는 대상
1245	OC	3 14 .7	+47 15	8.4	10	가을 은하수 내의 멋진 대상
1491	NB	4 03 .4	+51 19	-	3	흥미로운 작은 성운
1502	OC	4 07 .7	+62 20	5.7	8	기린자리에 위치한 밝은 대상
1528	OC	4 15 .4	+51 14	6.4	24	1491부근에 위치
1647	OC	4 46 .0	+19 04	6.4	45	히아데스 바로 위에 위치
1851	GC	5 14 .1	-40 03	7.3	11.0	겨울철 대표적 구상성단
1931	NB	5 31 .4	+34 15	11.3	3	밝고 흥미로운 작은 성운
2024	NB	5 41 .9	-01 51	-	30	크리스마스트리성운, 말머리암흑성운 옆
2071	NB	5 47 .2	+00 18	-	4	M78 부근
2158	OC	6 07 .5	+24 06	8.6	5	M35 옆
2169	OC	6 08 .4	+13 57	5.9	7	37자 모양
2243	OC	6 29 .8	-31 17	9.4	5	작고 특이한 대상
2261	NB	6 39 .2	+08 44	-	2	변광 성운, 외뿔소자리 R 포함
2281	OC	6 49 .3	+41 04	5.4	15	마차부자리 밝은 대상
2301	OC	6 51 .8	+00 28	6.0	12	겨울철 은하수 내의 멋진 대상
2354	OC	7 14 .3	-25 44	6.5	20	겨울철 은하수 내의 멋진 대상
2362	OC	7 18 .8	-24 57	4.1	8	큰개자리 타우성 포함
2392	PN	7 29 .2	+20 55	8.3	0.3X0.2	에스키모성운

NGC	종류	적경	적위	등급	시직경(′)	기타
2403	SG	7h 36m.9	+65° 36′	8.4	16.8X10.0	기린자리의 밝은 대상
2419	GC	7 38 .1	+38 53	10.4	4.1	겨울철 구상성단
2420	OC	7 38 .5	+21 34	8.3	10	쌍둥이자리의 멋진 대상
2438	PN	7 41 .8	-14 44	9.9	1.1	M46 내부에 위치
2451	OC	7 45 .4	-37 58	2.8	45	화려한 대상, 남천의 이중성단
2477	OC	7 52 .3	-38 33	5.8	27	가장 화려한 대상의 하나, 남천의 이중성단
2655	SG	8 55 .6	+78 13	10.1	5.0X3.4	천의 북극에 가까운 대상
2683	SG	8 52.7	+33 25	9.7	8.0X1.3	봄철의 대표적 은하
2841	SG	9 22 .0	+50 58	9.3	6.2X2.0	봄철의 멋진 은하
2903	SG	9 32 .2	+21 30	8.9	11.0X4.6	봄철의 대표적 은하
3115	EG	10 05 .2	-07 43	9.2	4.0X1.2	육분의자리 밝은 은하
3147	SG	10 16 .9	+73 24	10.7	3.0X2.3	천의 북극에 가까운 대상
3184	SG	10 18 .3	+41 25	9.8	5.5X5.5	큰곰자리 뮤우성 부근
3242	PN	10 24 .8	-18 38	8.9	0.7X0.6	목성상성운
3521	SG	11 05 .8	-00 02	8.9	6X4	봄철의 밝은 은하
3628	SG	11 20 .3	+13 36	9.5	12X15	M65, M66 부근
3877	SG	11 46 .1	+47 30	10.9	4.4X0.8	큰곰자리 치성에서 17분 떨어짐
3953	SG	11 53 .8	+52 20	10.1	5.6X2.3	M109 부근
4361	PN	12 24 .5	-18 48	10.8	1.3	까마귀자리 내부 위치
4449	IG	12 28 .2	+44 06	9.4	4.2X3.0	특이 형상 은하
4490	SG	12 30 .6	+41 38	9.8	5.6X2.1	옆에 작은 은하 4485 위치
4559	SG	12 36 .0	+27 58	9.9	11.0X4.5	봄철의 밝은 은하
4565	SG	12 36 .3	+25 59	9.6	14.4X1.2	가장 멋진 측면은하
4567	SG	12 36 .5	+11 15	11.3	2.5X1.6	쌍둥이 은하
4568	SG	12 36 .6	+11 14	10.8	4.1X1.7	쌍둥이 은하
4631	SG	12 42 .1	+32 32	9.3	12.5X1.2	멋진 측면은하, 46270이 붙어 있음
4656	SG	12 44 .0	+32 10	10.4	19.5X2	4657로 인하여 기이한 형태로 나타남
4699	SG	12 49 .0	-08 40	9.6	3.0X2.0	봄철의 밝은 은하
4725	SG	12 50 .4	+25 30	9.2	10.0X5.5	봄철의 밝은 은하
5128	SG	13 25 .5	-43 01	7.0	18.2X14.5	센타우르스 A
5139	GC	13 26 .8	-47 29	3.7	36.3	오메가 센타우리
5195	IC	13 30 .0	+47 16	9.6	5.4	M51 옆
5253	EG	13 39 .9	-31 39	10.6	4.0X1.5	남천에 위치한 은하

NGC	종류	적경	적위	등급	시직경(')	기타
5466	GC	14h 05m.5	+28° 32'	9.1	5	봄철의 구상성단
5746	SG	14 44 .9	+01 57	10.6	6.2X0.8	밝은 측면운하
6144	GC	16 27 .3	-26 02	9.1	9.3	안타레스 부근
6210	PN	16 44 .5	+23 49	9.7	0.4X0.3	헤라클레스H 내부 위치
6229	GC	16 47 .0	+47 32	9.4	4.5	헤라클레스 북쪽 위치
6231	OC	16 54 .0	-41 48	6.0	15	전갈자리 제타성 포함
6293	GC	17 10 .2	-26 35	8.2	7.9	M19 부근
6304	GC	17 14 .5	-29 28	8.4	6.8	여름철 구상성단
6356	GC	17 23 .6	-17 49	8.4	7.2	M9 부근
6441	GC	17 50 .2	-37 03	7.4	7.8	전갈자리 G옆
6520	OC	18 03 .4	-27 54	9.0	6	암흑성운 B86 포함
6522	GC	18 03 .6	-30 02	8.6	5.6	쌍둥이 성단
6528	GC	18 04 .8	-30 03	9.5	3.7	쌍둥이 성단
6541	GC	18 08 .0	-43 42	6.6	13.1	남천 구상성단
6543	PN	17 58 .6	+66 38	8.6	0.4X0.3	천의 북극 주변 위치한 멋진 대상
6569	GC	18 13 .6	-31 50	8.7	5.8	은하수 중심 부근 구상성단
6572	PN	18 12 .1	+06 51	–	0.1	뱀주인자리 행성상성운
6624	GC	18 23 .7	-30 22	8.3	5.9	궁수자리 델타성 옆
6712	GC	18 53 .1	-08 42	8.2	7.2	방패자리 구상성단
6723	GC	18 59 .6	-36 38	7.3	11.0	남천의 구상성단
6818	PN	19 44 .0	-14 09	9.9	0.4X0.3	6822위쪽
6819	OC	19 41 .3	+40 11	7.3	5	밀집된 작은 성단
6826	PN	19 44 .8	+50 31	8.8	0.5X0.4	깜박이는 행성상성운
6910	OC	20 23 .1	+40 47	7.4	8	백조자리 감마성 부근
6934	GC	20 34 .2	+07 24	8.9	5.9	돌고래자리 구상성단
6939	OC	20 31 .4	+60 38	7.8	8	은하 6946 옆
6940	OC	20 34 .6	+28 18	6.3	31	여름철 산개성단
6960	NB	20 45 .7	+30 43	–	70X6	베일 성운, 52번성 옆
6992	NB	20 56 .4	+31 43	–	73X8	베일 성운
7009	PN	21 04 .2	-11 22	8.4	0.4X0.2	토성상성운
7128	OC	21 44 .0	+53 43	9.7	3	여름철 산개성단
7293	PN	22 29 .6	-20 48	6.5	15X12	이중나선 행성상성운
7331	SG	22 37 .1	+34 25	9.5	10X2.3	스테판 오중주 부근
7510	OC	23 11 .5	+60 34	7.9	4	작고 밀집된 성단

NGC	종류	적경	적위	등급	시직경(')	기타
7635	NB	23h 20m.7	+61° 12'	–	15	버블 성운
7662	PN	23 25 .9	+42 33	8.9	0.6X0.5	안드로메다자리 행성상성운
7789	OC	23 57 .0	+56 44	6.7	16	가장 멋진 밀집된 성단

아빠,
천체관측
떠나요!

초판 1쇄 펴낸 날 | 2020년 5월 8일

지은이 | 조상호
펴낸이 | 홍정우
펴낸곳 | 도서출판 가람기획

책임편집 | 이슬기
편집진행 | 양은지
디자인 | 이유정
마케팅 | 이수정

주소 | (04035) 서울특별시 마포구 양화로 7안길 31(서교동, 1층)
전화 | (02)3275-2915~7
팩스 | (02)3275-2918
이메일 | garam815@chol.com

등록 | 2007년 3월 17일(제17-241호)

이 도서의 국립중앙도서관 출판예정도서목록(CIP)은 서지정보유통지원시스템 홈페이지
(http://seoji.nl.go.kr)와 국가자료종합목록 구축시스템(http://kolis-net.nl.go.kr)에서 이용
하실 수 있습니다. (CIP제어번호 : CIP2020016037)